Werner Geafer

Optik und Konstruktion – Grundlagen und Anwendungen

Eine Einführung in die technische Optik

Für:
Arndt, Alexa, Laura

Werner Geafer

Optik und Konstruktion

Grundlagen und Anwendungen

Eine Einführung in die technische Optik

Joy Edition
BUCHVERLAG and more

Autor: Werner Geafer

Korrektorat: Ulrike Geafer

Gestaltung: Joy Edition Druckvorstufen-Abteilung

Verlag: Joy Edition Buchverlag and more...
D-71296 Heimsheim, www.joyedition.de

Druck: WIRmachenDRUCK GmbH

1. Auflage, Oktober 2023

Für Inhalt und sachliche Richtigkeit ist der Autor verantwortlich.

Der Umwelt zuliebe gedruckt auf umweltfreundlichen,
chlor- und säurefrei gebleichtem Papier

ISBN: 978-3-948842-24-6

Neue aktualisierte 3'te Auflage

Im Kapitel **Objekte**, wurden zusätzliche Beispiele in der Radiometrie hinzugefügt, z. B. Berechnung der solaren Energie pro m^2 Fotovoltaik Module.

Das Kapitel **Übertragungsstrecke** beschäftigt sich nun auch mit der Wirkung der Atmosphäre auf elektromagnetischer Strahlung. Erklärt werden die Rayleigh-Streuung und die Mie-Streuung.

Fotoelektrische Sensoren und deren Wirksamkeit und Nutzen für die verschiedenen atmosphärischen Fenster sind im Kapitel **Sensorik** beschrieben.

Ebenfalls neu ist eine **Formelsammlung Optik** am Ende des Buches. Diese beinhaltet Formeln für Linsenberechnung, Abbildungsmasstab, Reflexion und Polarisation an Grenzflächen, sowie Brennweiten-berechnungen von Linsenfolgen.

Inhalt

Optik ist,

die Disziplin, die sich mit den Eigenschaften und den möglichen Anwendungen von elektromagnetischen Wellen im Wellenlängenbereich 50 nm bis 500000 nm (0.5 mm) beschäftigt.

Mithilfe von Optik kann ein funktioneller Zusammenhang zwischen einem Objekt und einer Sensorik hergestellt werden.

Die typischen Bausteine einer solchen Funktionsstrecke fangen bei dem Objekt an, welches in irgendeiner Form optische Strahlung sendet. Diese Strahlung passiert eine Übertragungsstrecke, z. B. Luft, Vakuum, Lichtwellenleiter, bis sie auf optische Elemente trifft, die die Strahlung konditionieren, um sie für die nachfolgende Sensorik tauglich zu machen.

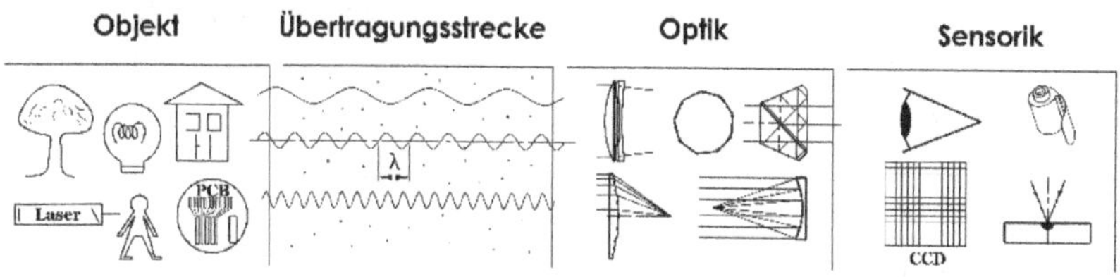

Eine mögliche Aufgabenstellung in der Praxis ist, dass ein Objekt und die Sensorik gegeben sind, die Übertragungsstrecke und die Optik jedoch definiert werden muss.

Oder aber das Objekt und die Übertragungsstrecke sind gegeben und die Optik sowie die Sensorik müssen bestimmt werden.

Die Funktionsstrecke macht jedenfalls deutlich, dass ein Gesamtverständnis sehr wichtig ist, wenn man z. B. eine Optik auslegen will.

Nachfolgend werden die Bausteine der gezeigten Funktionsstrecke einzeln behandelt, bezüglich deren technischen Grundlagen, aber auch um das Verständnis für Funktionen und Zusammenhänge aufzubauen.

Der rechnerische Teil ist wichtig, wenn man ganz konkret Optik Berechnungen betreibt.

Um die Optik und ihre Funktionsweise grundlegend zu verstehen, bedarf es jedoch weitgehend keiner Mathematik.

Dieses Buch ist vor allem für Maschinenbauer, Elektrotechniker und ähnliche Berufsgruppen geschrieben. Es soll dem Ingenieur oder Techniker helfen, der in irgendeiner Form mit Optik zu tun hat, aber durchaus auch dem interessierten Facharbeiter, der die Formeln einfach mal weglassen kann, und sein Verständnis für Optik vertiefen will.

1. Objekte

In der Optik sind Objekte grundsätzlich die Lieferanten von 'Licht', also jener elektromagnetischer Strahlung, die von der Optik konditioniert und von der Sensorik erkannt wird.

Man unterscheidet hier zwischen Objekten, die selbst leuchten, z. B. Sonne, Glühbirne, LED, Laser, und Objekten, die beleuchtet werden, z. B. Mond, Bäume, Menschen.

1.1 Was ist Licht ?

Als Licht werden elektromagnetische Wellen bezeichnet, deren Wellenlängen in einem bestimmten Bereich liegen, z. B. das für uns sichtbare Spektrum (VIS ; Abk. aus dem engl. für VISIBLE) von Violett bis Rot liegt im Wellenlängenbereich 400 nm bis 750 nm.

Den Bereich kürzerer Wellenlängen von 50 nm bis 400 nm, bezeichnet man als Ultraviolett (UV). Der Wellenlängenbereich 750 nm bis 500000 nm ist das Infrarot (IR).

Das menschliche Auge ist nicht in der Lage, Strahlung aus dem Ultraviolett und dem Infrarot zu erkennen. Diese gehören dennoch in den Bereich der optischen Strahlung, nicht zuletzt, da sich die in den drei Wellenlängenbereichen verwendeten Komponenten, Techniken und Verfahren sehr ähneln.

Die Entstehung elektromagnetischer Wellen kann man mit der Lichtquantentheorie erklären. Stellen wir uns ein Atom vor, mit Protonen und Neutronen als Atomkern sowie den Elektronen, die sich in einem bestimmten Abstand zum Kern befinden. Dieser Abstand stellt natürlich eine potenzielle Energie dar, die in den Elektronen gespeichert ist. Wenn man nun diesem Atom Energie zuführt, bewirkt das, dass die Elektronen kurzzeitig ein höheres Energieniveau haben, d. h. auf eine höhere Bahn geraten, sich also weiter weg vom Kern befinden. Nach kurzer Zeit jedoch fallen die Elektronen auf ihre vorherige Bahn zurück und die dadurch freigewordene Energie wird wieder abgegeben in Form von Photonen, also von optischer Strahlung. Je höher die zugeführte Energie ist, umso kurzwelliger wird die abgegebene Strahlung, z. B. vom Infraroten zum Sichtbaren.

Ein gutes Beispiel, um sich das zu veranschaulichen, ist das Verhalten einer Stahlstange während des Glühvorganges. Bei der Erwärmung wird die Stahlstange immer heißer erstmals, ohne dass man mit dem Auge erkennt, dass nach der Lichtquantentheorie Photonen abgegeben werden. Das ändert sich, wenn eine Temperatur von etwa 1000K erreicht ist. Die Stahlstange fängt an, rot zu glühen und mit steigender Temperatur, d. h. mit zunehmender eingebrachter Energie, wird die Strahlung immer heller und intensiver, auch die abgestrahlten Wellenlängen werden immer kürzer. Bei 1500K strahlt die Stahlstange gelb-weiß und man könnte sie durchaus für Beleuchtungszwecke verwenden. Wird man natürlich so nicht, wer will schon eine glühende Stahlstange im Wohnzimmer hängen haben. Doch stattdessen vielleicht ein erhitzter Wolframdraht in einer evakuierten Glaskugel? Richtig, fertig ist die Glühbirne.

Die Ausbreitungsgeschwindigkeit von Licht in dem Medium Luft beträgt etwa 300.000 km/sec.

Man kann eine elektromagnetische Welle über die Wellenlänge, die Frequenz oder auch über die Laufzeit einer Schwingung definieren. In der Optik ist die Wellenlänge [λ] die am meisten verwendete Größe. Die Umrechnung zur Frequenz erfolgt mit:

$$f = \frac{c}{\lambda}$$

λ (Wellenlänge)

c=300.000 km/s (Lichtgeschwindigkeit)

Die Laufzeit einer Schwingung ist:

$$t = \frac{1}{f}$$

Beispiel:

Die Frequenz und die Laufzeit der Wellenlänge 550 nm ist:

$$f = \frac{300000 \cdot 10^{12}}{550} = 545 \cdot 10^{12}\,[sec^{-1}] = 545\,THz\,(Terahertz)$$

und

$$t = \frac{1}{545 \cdot 10^{12}} = 1835\,ps\,(Picosekunden)$$

Doch, wie schon erwähnt, in der Optik ist die Wellenlänge die am meisten gebrauchte Größe, um elektromagnetische Wellen zu beschreiben.

Nun kennen wir das wohl wichtigste Medium der Optik, nämlich das Licht. Wenn wir Licht sagen, so ist das einfach nur Sprachgebrauch, da wir jedoch wissen, dass damit elektromagnetische Wellen in einem bestimmten Bereich gemeint sind.

Der sichtbare Bereich ist der wohl prominenteste Wellenlängenbereich in der Optik, doch es gibt inzwischen immer mehr Anwendungen im UV und IR, speziell im NIR (Nahen Infrarot) z. B. für die Datenübertragung in Lichtwellenleiter.

1.2 Beleuchtete Objekte

1.2.1 Farben von Objekten

Die elektromagnetischen Wellen des sichtbaren Bereiches werden je nach Wellenlänge als unterschiedliche Farben empfunden.

Farbe	Wellenlaenge in nm
Rot	760 ... 630
Orange	630 ... 590
Gelb	590 ... 560
Gruen	560 ... 500
Blau	500 ... 420
Violett	420 ... 390

Doch was ist die Farbe Weiß? Im Spektrum kommt sie nicht vor, es gibt keine Wellenlänge, die für Weiß steht. Die Antwort lautet: Die Farbe Weiß ist die Mischung aller Farben des sichtbaren Spektrums, doch dies gilt nur, wenn die Intensitäten der einzelnen Wellenlängen in einem bestimmten Verhältnis zueinander stehen. Dieses entspricht dann auch der Emissionscharakteristik der Sonne. Sollte in so einem Licht ein Wellenlängenbereich, z. B. blau, stärker emittieren, dann würde dieses Licht eine bläuliche Färbung haben.

Man muss es sich klarmachen, in der Natur gibt es nur Spektralfarben, d. h. elektromagnetische Wellen verschiedener Wellenlänge. Die Natur kennt kein Weiß. Die Farbe Weiß entsteht in unserem Kopf bei der

Bildverarbeitung der Informationen, die vom Auge kommen. Es gibt noch andere Farbkombinationen, die wir als Weiß empfinden, z. B. das Gemisch von Rot, Grün und Blau oder Blau und Gelb usw. (Bild 1).

Die Farben dieser Kombinationen, die Weiß ergeben, nennt man Komplementärfarben.

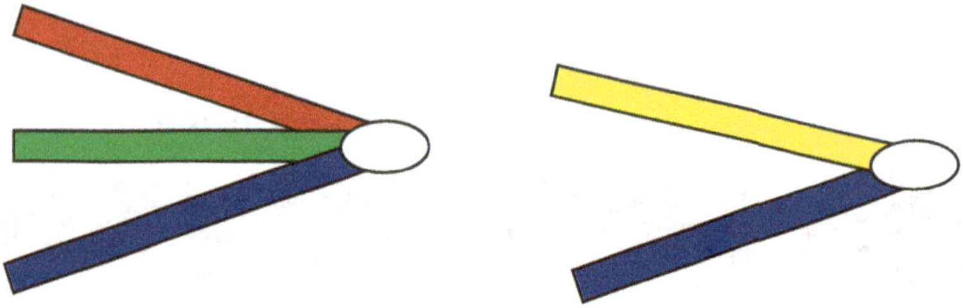

Bild 1

Durch das Vermischen einzelner Spektralfarben oder durch das Weglassen einzelner Farben des Spektrums erhält man wieder neue Farben, z. B. Türkis oder Purpur.

Die Kombinationsmöglichkeiten sind unendlich, wie man unschwer auch an den Farbtafeln der Hersteller von Farbprodukten erkennen kann.

1.2.2 Körperfarben und Oberflächen

Warum sieht eine Zitrone gelb aus? Also nochmals von Anfang an, der Vorgang, dass jemand eine Zitrone sieht, fängt bei einer Lichtquelle an, z. B. der Sonne oder irgendeiner Weißlichtlampe. Das emittierte Licht dieser Quelle trifft auf die Oberfläche der Zitrone und hier wird entschieden, wie es weiter geht. Die elektromagnetischen Wellen der Wellenlängen 400 nm bis 560 nm (Violett, Blau, Grün) werden von der Oberfläche verschluckt, d.h. sie werden absorbiert. Das Gleiche geschieht mit den Wellenlängen 590 nm bis 750 nm (Orange, Rot), diese werden ebenfalls von der Zitronenoberfläche absorbiert. Was noch bleibt, sind die elektromagnetischen Wellen der Wellenlängen 560nm bis 590nm.

Diese werden an der Zitronenoberfläche reflektiert und ein Teil davon gerät in das Auge des Betrachters, der erfreut feststellt, dass sich da eine gelbe Zitrone befindet, die eventuell seinem Tee die nötige Würze geben könnte (Bild 1).

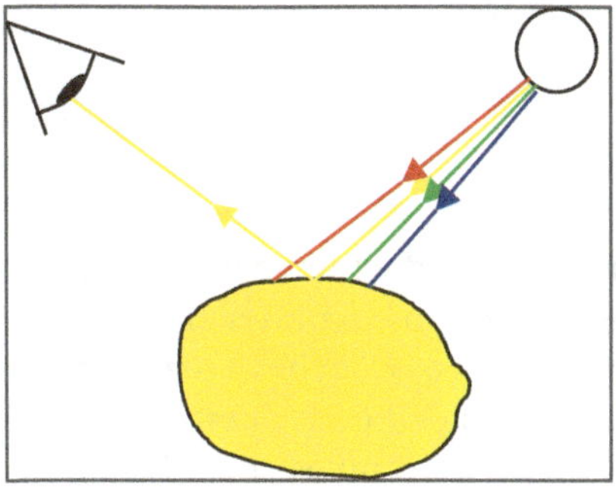

Bild 1

Doch was ist mit Grau, ist Grau überhaupt eine Farbe? Grau ist ein Zwischending zwischen Weiß und Schwarz, d. h. in Grau können alle Spektralfarben enthalten sein, von Rot, Orange, Gelb, Grün, Blau bis hin zum Violett, doch mit reduzierter Intensität. Wenn Weißlicht auf einen Gegenstand trifft und an der Oberfläche wird z.B. 50% des Lichtes absorbiert und 50% wird reflektiert, dann hat der Betrachter den Eindruck, dass diese Oberfläche weder ganz weiß noch ganz schwarz ist, wir nennen diesen Eindruck Grau.

Dieses funktioniert so auch für transparente Körper, z.B. wird ein transparentes, rot erscheinendes Glas die Spektralfarben Orange, Gelb, Grün, Blau und Violett absorbieren oder reflektieren und die Spektralfarbe Rot durchlassen, sodass der Betrachter nur noch den Rotanteil sieht (Bild 2).

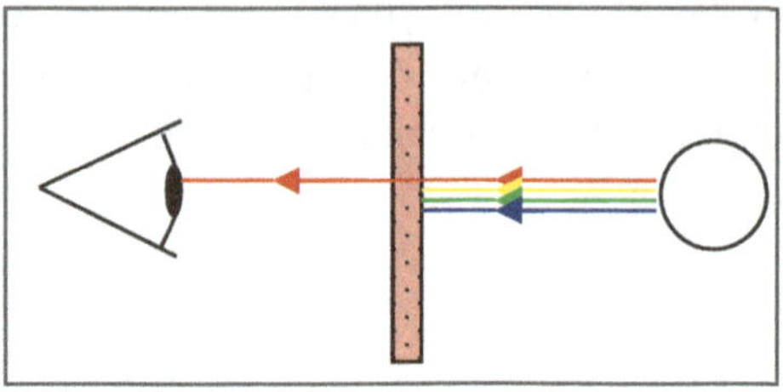

Bild 2

Nun nehmen wir eine Leuchte, die nur grünes Licht emittiert. Mit dieser Leuchte beleuchten wir die Zitrone und stellen fest, dass diese nicht mehr gelb, sondern schwarz ist. Das Gleiche passiert, wenn wir mit dieser Leuchte unser rot erscheinendes Glas durchleuchten, es erscheint uns auch schwarz. Schwarz repräsentiert das Fehlen jeglicher elektromagnetischer Strahlung, d. h. unser Auge empfängt nichts und wir nennen diesen Zustand im Sprachgebrauch ´schwarz´.

Eine andere sehr wichtige Eigenschaft, die das Erscheinungsbild von Gegenständen prägt, ist die Oberflächenbeschaffenheit. Wir empfinden Farben anderes bei einer glänzenden als bei einer matten Oberfläche.

Was bedeutet glänzend und matt überhaupt? Der Unterschied liegt erstmals in der Oberflächenrauigkeit, in dem Absorptionsverhalten und in der Lichtdurchlässigkeit.

Die Oberflächenrauigkeit bestimmt die Art der Reflexion. An einer rauen reflektierenden Oberfläche wird das Licht einigermaßen gleichmäßig in alle Richtungen reflektiert, man nennt dies eine diffuse Reflexion. Bei einer glatten Oberfläche ist die Reflexion regelmäßig gerichtet (Bild 3).

Sollte eine diffus reflektierende Fläche jedoch eine orientierte Struktur haben, z. B. gleichmäßige Bearbeitungsspuren, so wird auch die Reflexion eine gewisse Orientierung bekommen.

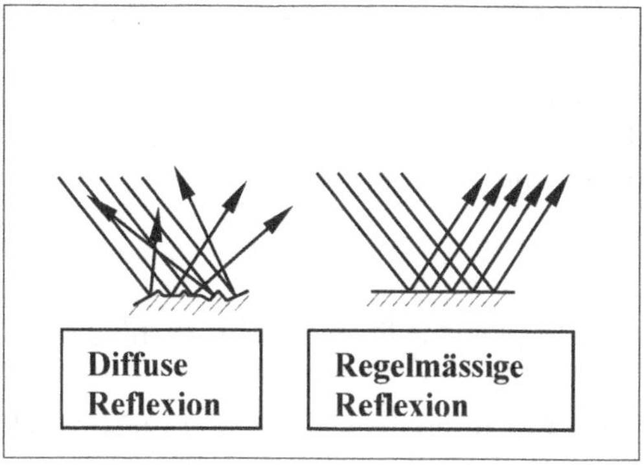

Bild 3

Des Weiteren ist eine Oberfläche auch noch über deren Absorptions- bzw. Emissionseigenschaften charakterisiert. Lässt man Licht auf eine Fläche fallen, auf der sich z. B. Ruß befindet, dann werden vielleicht 1% des einfallenden Lichtes reflektiert und 99% werden absorbiert. Am anderen Ende des möglichen Absorptionsbereiches wäre ein Spiegel, der würde z.B. 95% des Lichtes reflektieren und 5% absorbieren. Diese Zahlenwerte können natürlich variieren, ein sehr guter Laserspiegel z. B. kann durchaus eine Reflexion von 99,9% erreichen.

Die Lichtdurchlässigkeit ist auch eine Eigenschaft, die das Erscheinungsbild von Gegenständen beeinflusst. Optisch transparente Materialien sind z. B. Gläser, Kristalle, Wasser oder Gase.

Wenn man durch so ein Material Licht sendet, dann wird es einigermaßen gerichtet durchgehen, d. h. ein Beobachter würde die Konturen der Lichtquelle dahinter erkennen. Doch es gibt auch den Fall, dass Licht durch ein Material zwar hindurchgeht, doch ähnlich wie bei einer diffus reflektierenden Fläche zerstreut wird. Ein Blatt Papier oder Milchglas sind Beispiele dafür. Ein Beobachter würde keine Konturen durch das Material erkennen. Im Grunde genommen ist jedes Material optisch transparent, wenn es nur dünn genug ist. Gold z. B. lässt bis zu einer Dicke von 5nm noch Licht hindurch.

1.2.3 *Zusammenfassung, beleuchtete Objekte*

Aus den vorherigen Ausführungen lässt sich zusammenfassend sagen, dass beleuchtete Objekte ihr Erscheinungsbild im Wesentlichen folgenden Faktoren verdanken:

- Art der Lichtquelle, z. B. Weißlicht, Farblicht, Lichtintensität.
- Position der Lichtquelle im Beobachtungsdreieck Lichtquelle, Objekt, Beobachter.
- Rauigkeit der Objektoberfläche, regelmäßig gerichtete oder diffuse Reflexion.
- Absorption der Oberfläche. Sie bestimmt, ob Körper weiß, farbig, grau oder schwarz erscheinen.
- Transparenz von Körpern.

Diese bestimmenden Faktoren greifen ineinander über und liefern so den Gesamteindruck eines Objekts. Im Sprachgebrauch benutzt man dann Ausdrücke wie matt, glänzend, metallic, stumpf, brillant, gedeckt, kräftige Farben, scheinend usw.

Es ist wichtig, sich Gedanken über das Objekt am Anfang einer optischen Übertragungsstrecke zu machen, den dies muss in der Auslegung der Optik oder der Sensorik berücksichtigt werden.

1.3 Objekte, die selbst leuchten

1.3.1 Temperaturstrahler

Alle Körper, unabhängig ihres Aggregatzustandes, die eine Temperatur oberhalb des absoluten Nullpunktes haben (-273°C), werden Energie in Form von elektromagnetischer Strahlung aussenden, d. h. es handelt sich um Strahlungsquellen mit einem kontinuierlichen Spektrum.

Wir werden z. B. einen Eiswürfel aus dem Kühlschrank schwerlich als Strahlungsquelle empfinden, im Gegensatz zu einem Heizkörper, doch er ist es. Die ausgestrahlte Energie ist jedoch so gering, dass wir sie nicht so ohne weiteres wahrnehmen können.

1.3.2 Emission und Absorption

Eine weitere bestimmende Größe neben der Temperatur von Körpern ist deren Emissions- bzw. Absorptionseigenschaft.

Das Emissionsvermögen ist äquivalent zum Absorptionsvermögen eines Körpers. Dies bedeutet, dass ein Körper mit seinen Flächen sowohl Energie emittieren, d. h. abgeben, als auch absorbieren, d. h. aufnehmen kann, und zwar in beiden Fällen mit dem gleichen Wert ε.

Wann wird ein Körper Energie emittieren bzw. absorbieren?

Ganz einfach, wenn die Umgebungstemperatur eines Körpers niedriger als die Eigentemperatur des Körpers ist, wird dieser Energie an seine Umgebung abgeben, d. h. er wird abkühlen. Ist aber die Umgebungstemperatur höher als die des betrachteten Körpers, wird der Körper Energie von der Umgebung aufnehmen, d. h. er heizt sich auf.

Das Vermögen, Energie abzugeben bzw. aufzunehmen, hängt von der Oberflächenbeschaffenheit eines Körpers ab.

Wenn man auf eine spiegelnde Fläche eines Körpers z. B. einen Heizstrahler richtet, dann wird die auftreffende Energie an der Fläche reflektiert. Angenommen, die Reflexion beträgt 95%, dann bedeutet dies, dass 5% der Energie über die Oberfläche in den Körper eindringen und ihn langsam aufheizen. Der Emissionsfaktor der Fläche wäre in diesem Fall $\varepsilon = 0.05$.

Ist diese Fläche aber nicht spiegelnd, sondern schwarz, z. B. lackiert oder mit Ruß belegt, dann wird die Energie des Heizstrahlers die Fläche durchdringen und den Körper schnell aufheizen. Einige werden wissen, was damit gemeint ist, wenn sie an ihr schwarzes Auto im Sommer denken und die damit verbundene verzweifelte Suche nach einem schattigen Parkplatz.

Die Bestimmung des Emissionsfaktors ε von Körpern ist experimentell durchzuführen und mit der geforderten Genauigkeit steigt natürlich auch der Messaufwand.

Es gibt auch Tabellen, die ε für verschiedene Materialien auflisten und zumindest als Richtwerte dienen können.

1.3.3 Radiometrie

Die Strahlungsenergie eines festen Körpers für eine definierte Wellenlänge, einer festen Temperatur und für $\varepsilon = 1$, lässt sich nach Planck wie folgt rechnen:

$$W_{(\lambda,T)} = \frac{2 \cdot \pi \cdot h \cdot c^2}{\lambda^5 \cdot (e^{\left(\frac{h \cdot c}{k \cdot \lambda \cdot T}\right)} - 1)} \qquad \text{(gilt für eine Halbkugel)}$$

h = 6.6260755 10-34 (W s2) Planck'sche Konstante
k = 1.380658 10-23 (W s / K) Boltzmann's Konstante
c = 2.9979246 1010 (cm / s) Lichtgeschwindigkeit
T = Temperatur des Körpers in Kelvin.
λ = Wellenlänge in cm

Die Planck'sche Konstante [h=W/f] ist das Verhältniss der Energie [W] eines Photons zu dessen Frequenz [f].

Die Boltzmann's Konstante [k=W/K] ist das Verhältniss der Energie [W] von Teilchen zu deren Temperatur [K].

Da nur λ und T Variable sind, kann man den Rest zusammenfassen als:

$$\boldsymbol{A = 2 \cdot \pi \cdot h \cdot c^2 = const. = 3.7418 \cdot 10^{-12}}$$

$$\boldsymbol{B = \frac{h \cdot c}{k} = const. = 1.43877}$$

d.h. W $_{(\lambda,T)}$ vereinfacht ist:

$$\boldsymbol{W_{(\lambda,T)} = \frac{A}{\lambda^5 \cdot (e^{\left(\frac{B}{\lambda \cdot T}\right)} - 1)} \quad [\frac{W}{m^2 \cdot \mu m}]}$$

Die ausgestrahlte Energie als Funktion der Körpertemperatur und der Wellenlänge wäre dann:

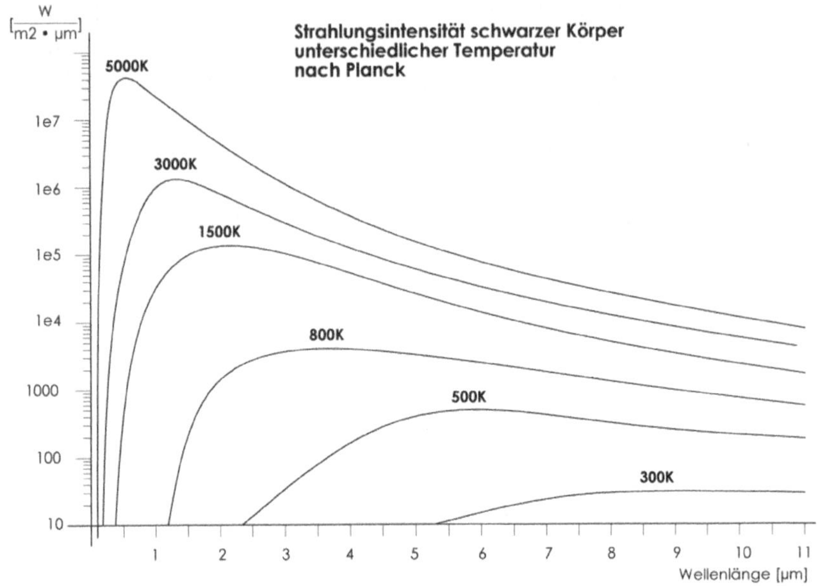

Es ist zu beachten, dass die senkrechte Achse (Ordinate) logarithmisch dargestellt ist.

Die gesamte Strahlungsenergie ist abhängig von der Temperatur des Körpers und rechnet sich nach dem Stefan-Boltzmann-Gesetz als:

$$\boldsymbol{W_{ges} = \int W_{\lambda,T)}\ d\lambda = 5.6697 \cdot 10^{-8} \cdot T^4 \quad [\frac{W}{m^2}]}$$

Die Temperatur geht mit der 4. Potenz ein!

Mit dem Wienschen Verschiebungsgesetz lässt sich die Wellenlänge der maximalen Strahlung für eine definierte Temperatur ermitteln:

$$\lambda_{max} = \frac{2898}{T} \quad [\,\mu m\,]$$

Strahlungsquellen, die der Planck'schen Rechnung folgen, sind typischerweise Körper, die entsprechend ihrem Energieniveau (Eigentemperatur) strahlen. Sie haben einen Emissionsfaktor von ε=1, d.h. es handelt sich um schwarze Strahler.

Beispiel:

Eine rechteckige Stahlplatte mit einer Fläche von 100 cm^2 hat die Temperatur von 1000K und einen Emissionsgrad von ε = 1.

Die gesamte spezifische Strahlungsenergie des Körpers beträgt:

$$W_{ges} = 5.6697 \cdot 10^{-8} \cdot 1000^4 = 56697 \,\frac{W}{m^2} = 56.7 \frac{kW}{m^2}$$

Die Strahlungsenergie umgerechnet auf die Fläche von 100 cm^2 ist:

$$W = 56697 \,\frac{W}{m^2} \cdot 0.01\, m^2 = 567\, Watt$$

Der Körper hat die maximale Strahlungsenergie bei:

$$\lambda_{max} = \frac{2898}{1000} = 2.9\, \mu m$$

Beispiel:

Welche Strahlungsleistung von der Sonne kommt auf der Erdoberfläche pro Quadratmeter an?

Wenn die Sonne eine Oberflächen Temperatur von ca. 5800 K hat, dann gilt mit dem Stefan-Boltzmann Gesetz:

$$W_{ges} = \int W_{(\lambda,T)}\, d\lambda = 5.6697 \cdot 10^{-8} \cdot T^4 = 5.6697 \cdot 10^{-8} \cdot 5800^4$$

$$= 64.2 \ \left[\frac{MW}{m^2}\right]$$

Dies ist die Strahlungsleistung pro m² Sonnenoberfläche. Diese Energie wird als eine Halbkugel ausgestrahlt, d.h. als Lambert Strahler. Die spezifische Strahlungsleistung für den Raumwinkel von einem Steradiant ist:

$$L_{ges} = \frac{W_{ges}}{\pi} = \frac{64.2}{\pi} = 20.4 \ \left[\frac{MW}{m^2 \cdot sr}\right]$$

Ein Steradiant [sr] ist:

$$1sr \equiv \frac{A}{R^2} = 1$$

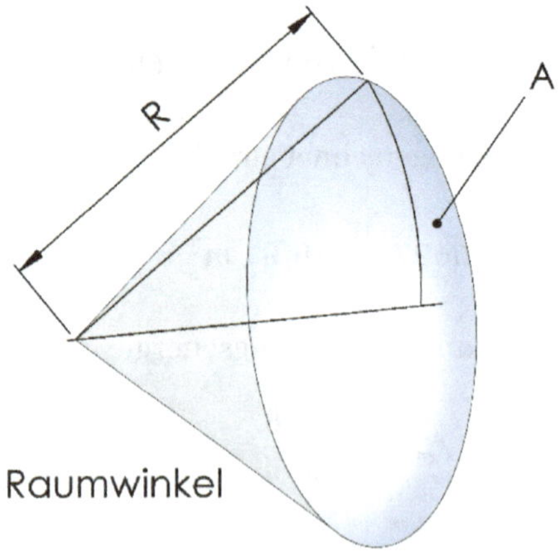

Ein Quadratmeter Sonnen Oberfläche, strahlt also 20.4 MW in einem Raumwinkel von einem Steradiant aus. Die projektierte Gesammtfläche der Sonne (d=1.392e+09m) ist:

$$A_{sonne} = \frac{d^2}{4} \cdot \pi = \frac{(1.392 \cdot 10^9)^2}{4} \cdot \pi = 1.52 \cdot 10^{18}\,[m^2]$$

Da uns aber die Strahlungsleistung pro Quadratmeter in einer Entfernung von 150e+09 Meter (Sonne – Erde) interessiert, wird der Raumwinkel für $1m^2$ nach dieser Entfernung in Steradiant zu:

$$\Omega = \frac{(1)^2}{(150e9)^2} \cdot \Omega_0 = 4.44 \cdot 10^{-23}\,[sr]$$

Die Strahlungsleistung der Sonne auf $1m^2$ der Erdoberfläche beträgt:

$$L_{1m^2} = 20.4\left[\frac{MW}{m^2 \cdot sr}\right] \cdot 1.52 \cdot 10^{18}\,[m^2] \cdot 4.44 \cdot 10^{-23}\,[sr] = 1.38 \cdot 10^{-3}\,MW = 1380\,Watt$$

Nun ja, diese Rechnung hat den Schönheitsfehler, dass diese Leistung die Erdatmosphäre nicht mit berücksichtigt.

Die Erdatmosphäre mit ihren Gasen, Aerosolen und Partikeln wird einen Teil dieser Strahlung absorbieren und reflektieren. Abhängig von den atmosphärischen Bedingungen kann die Strahlungsleistung auf der Erde tagsüber zwischen 40 und 1000 Watt/m^2 liegen.

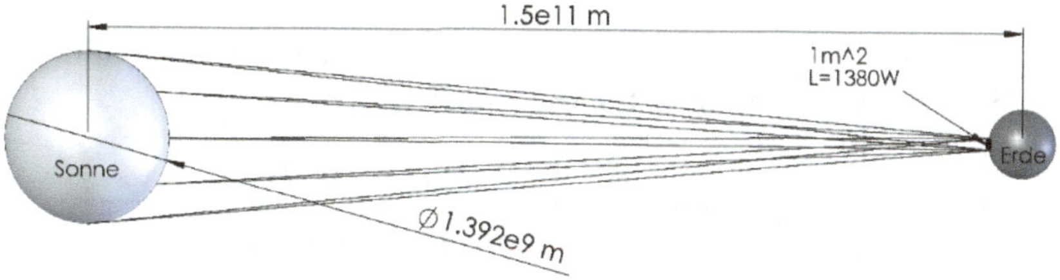

Beispiel:

Welche maximale Strahlungsleistung der Sonne kann eine Fotovoltaik Anlage aus Silizium Modulen pro m² „sehen"?

Im vorherigen Beispiel wurde ermittelt, dass die maximale Strahlungsleistung der Sonne 1380W/m² beträgt, wenn man erstmals die atmosphärischen Bedingungen nicht beachtet.

Doch diese Strahlungsleistung gilt für das gesamte Spektrum. Und die entsprechend dotierten Silizium Module können Strahlung nur im Bereich von 0.4 – 1.1 µm in freie Elektronen, d. h. in nutzbaren Strom umwandeln. Deswegen muss man die spektral reduzierte Strahlungsleistung ermitteln.

Das kann man tun, indem man das Planck'sche Strahlungsgesetz als Integral auflöst, oder man benutzt einen der Online Rechner, die das für einen machen.

$$\boldsymbol{B}_{(\lambda)} = \int_{\lambda 1}^{\lambda 2} \boldsymbol{L}_{(\lambda)}\, \boldsymbol{d\lambda} = \int_{\lambda 1}^{\lambda 2} \frac{\boldsymbol{A}}{\boldsymbol{\lambda}^5 \cdot (\boldsymbol{e}^{\left(\frac{\boldsymbol{B}}{\boldsymbol{\lambda \cdot T}}\right)} - \mathbf{1}) \cdot \boldsymbol{\pi}}\, \boldsymbol{d\lambda}$$

Man kann aber auch eine Interpolations Methode wählen:

$$\boldsymbol{A} = \Delta \boldsymbol{x} \cdot \left(\frac{f(x_1)+f(x_1+\Delta x)}{2} + \frac{f(x_1+\Delta x)+f(x_1+2\cdot\Delta x)}{2} + \cdots \frac{f(x_1+n\cdot\Delta x)+f(x_1+(n+1)\cdot\Delta x)}{2}\right)$$

Zunächst ermittelt man ein paar spezifische Werte mithilfe des Strahlungsgesetzes, z. B. für λ=0.4 µm und Δx=0.1:

$$\boldsymbol{W}_{(\lambda,T)} = \frac{\boldsymbol{A}}{\boldsymbol{\lambda}^5 \cdot (\boldsymbol{e}^{\left(\frac{\boldsymbol{B}}{\boldsymbol{\lambda \cdot T}}\right)} - \mathbf{1}) \cdot \boldsymbol{\pi}} = \frac{\mathbf{3.7418 \cdot 10^{-12}}}{\mathbf{0.00004^5} \cdot (\boldsymbol{e}^{\left(\frac{1.43877}{0.00004 \cdot 5800}\right)} - \mathbf{1}) \cdot \boldsymbol{\pi}}$$
$$= \mathbf{23.6}\left[\frac{\boldsymbol{MW}}{\boldsymbol{m^2 \cdot \mu m \cdot sr}}\right]$$

n	$x_1 + n \cdot \Delta x$	$f(x_1 + n \cdot \Delta x)$
0	0.4	23.6
1	0.5	26.9
2	0.6	24.9
3	0.7	21.1
4	0.8	17.1
5	0.9	13.7
6	1.0	10.8
7	1.1	8.7

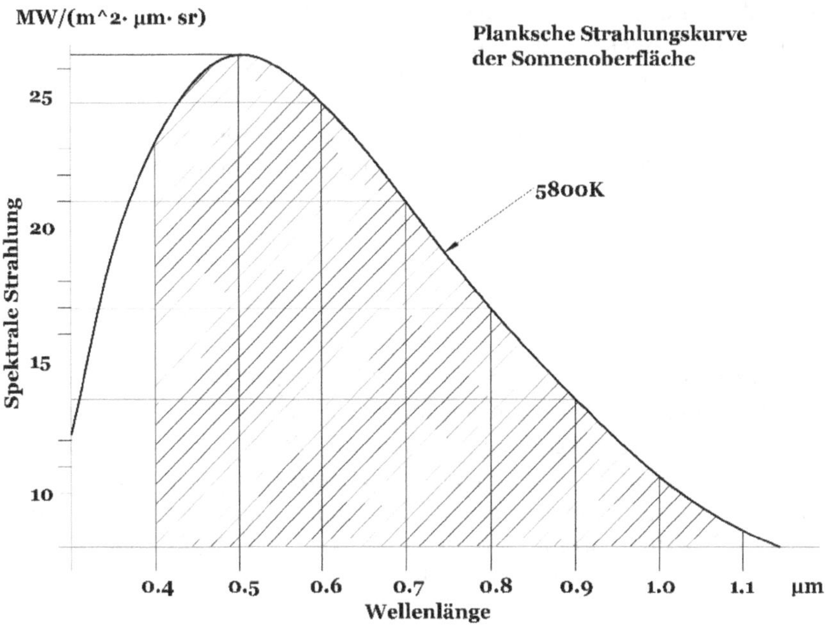

Und dann:

$$B_{(\lambda)} = 0.1 \cdot \left(\frac{23.6+26.9}{2} + \frac{26.9+24.9}{2} + \frac{24.9+21.1}{2} + \frac{21.1+17.1}{2} + \frac{17.1+13.7}{2} + \frac{13.7+10.8}{2} + \frac{10.8+8.7}{2}\right) = 13.07 \left[\frac{MW}{m^2 \cdot sr}\right]$$

Das exakte Ergebnis wäre B=13.15 MW/(m²·sr), d. h. die Interpolation mit B=13.07 ist schon hinreichend genau für diese Anwendung. Auf ein m² Erdoberfläche kommen dann im spektralen Bereich 0.4 – 1.1 µm:

$$L_{1m^2} = 13.07 \left[\frac{MW}{m^2 \cdot sr}\right] \cdot 1.52 \cdot 10^{18}\,[m^2] \cdot 4.44 \cdot 10^{-23}\,[sr] = 1.38 \cdot 10^{-3}\,MW = 882\,Watt$$

Wenn man nun noch die Verluste in der Atmosphäre berücksichtigt, dann sind je Wetter 30 – 700 Watt Strahlungsleistung auf einem Quadratmeter Silizium Module möglich. Diese Leistung wird noch mit den Wirkungsgrad, bzw. Quantenwirkungsgrad der Silizium Module multipliziert. Auch ändert sich die effektive Fläche mit dem Cosinus des Auftreffwinkels der Sonnenstrahlung.

Dieses Interpolationsverfahren wird aber erst richtig interessant, wenn man Kurven ohne eine dazugehörige mathematische Funktion hat, wie z. B. Messkurven.

Beispiel:

Eine CCD oder CMOS Kamera mit Optik, hat einen Objektivdurchmesser von 100 mm. In 10 Meter Entfernung ist ein Objekt, 0.1 x 0.1 = 0.01 m². Dieses Objekt wird von der Sonne angestrahlt (unter dem Winkel von 30°), die bei den herrschenden Wetterbedingungen 300 W/m² Strahlungsleistung auf der Erdoberfläche liefert. Das Objekt strahlt diffus wie ein Lambert Strahler (d. h. innerhalb einer Halbkugel in allen Richtungen gleich), mit einem Emissionsgrad von 0.65.

Welche Strahlungsleistung kommt beim Objektiv an?

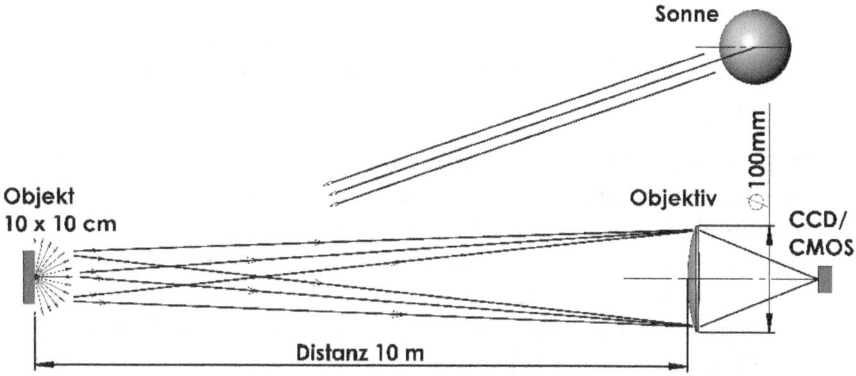

Die Strahlungsleistung des Objekts ist:

$$L_{0.01m^2} = \frac{300\,[\frac{W}{m^2}] \cdot 0.01\,[m^2] \cdot \cos 30}{\pi} \cdot 0.65 = 0.54 \left[\frac{W}{sr}\right]$$

Da die Optik nur Bruchteile des Raumwinkels Steradiant sieht, ist:

$$L_{optik} = 0.54 \cdot \frac{\left(\frac{0.1}{2}\right)^2 \cdot \pi}{10^2} = 42.4\,[\,\mu W\,]$$

Der CCD bzw. CMOS Detektor würde ein Signal von 48.7 µW empfangen. Natürlich abzüglich der Verluste in der Optik.

Ob und mit welchen Einstellungen der Integrationszeit, bzw. der Blende dieses Objekt gesehen wird, hängt von der Empfindlichkeit des Detektors ab, aber auch ein Stück weit von der Güte der Signalverarbeitung.

In der Astronomie, wo man es oft mit sehr lichtschwachen Objekten zu tun hat, werden Detektoren auch gerne gekühlt, um das Rauschen zu reduzieren und somit die Empfindlichkeit zu steigern.

1.3.4 *Schwarze Strahler*

Körper, die elektromagnetische Strahlung emittieren, d. h. abgeben, mit einem Emissionsfaktor von ε = 1, d. h. 100% Wirkungsgrad, nennt man schwarze Strahler.

Der Emissionsfaktor [ε] beschreibt die Fähigkeit eines Körpers, eingegangene Leistung wieder abzugeben. Wenn ε = 1 ist, dann wird die gesamte eingegangene Leistung wieder abgeführt. Ist ε < 1, dann wird ein Teil der eingegangenen Leistung nach außen abgeführt und ein Teil wird im Körper bleiben und diesen aufwärmen. Z. B. ε = 0.8, d. h. 80% der eingegangenen Leistung werden über die Körperoberfläche wieder abgeführt und 20% der Leistung bleiben im Körper; und da Energie nun mal etwas bewirkt, wird dieser Körper dadurch aufgewärmt.

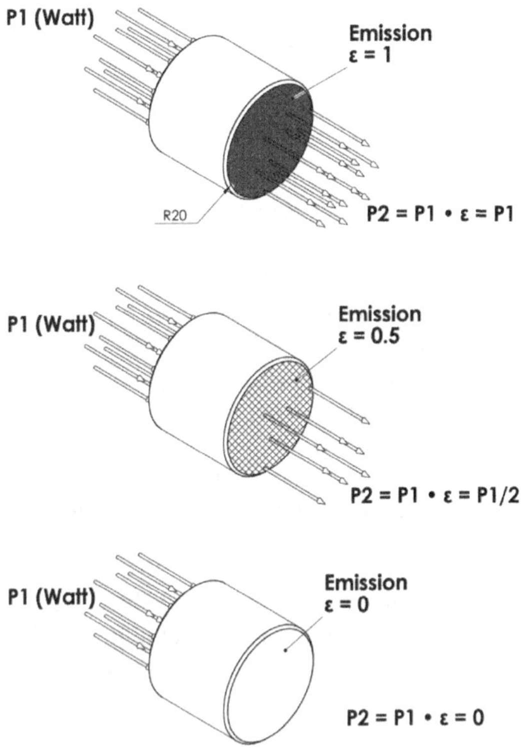

Beispiel :

Der Zylinder in der vorherigen Abbildung hat einen Radius von 2 cm. An den Stirnflächen ist ein Emissionsfaktor von ε = 1.

Die Mantelfläche des Zylinders hat ε = 0 oder sie ist sehr gut isoliert, d. h. sie spielt keine Rolle in diesem Beispiel.

Es wird die Leistung P1 von einer Quelle mit der Temperatur 300K (27°C) eingespeist.

Welche Leistung (W) wird von der Stirnfläche (A) des Zylinders abgestrahlt?

$$\boldsymbol{W_{ges} = 5.6697 \cdot 10^{-8} \cdot 300^4 = 459\ \frac{W}{m^2}}$$

$$\boldsymbol{W = 459\ \frac{W}{m^2} \cdot 0.02^2 \cdot \pi = 0.577\ Watt}$$

D. h., da ε = 1 ist, handelt es sich in diesem Beispiel um einen schwarzen Strahler mit einem Durchmesser von 4 cm, der bei einer Eigentemperatur von 300K eine gesamte Strahlungsleistung von 0.578 Watt hat.

Nun wird der Zylinder auf 1200K erhitzt (rot glühend) und die Strahlungsleistung beträgt nun:

$$\boldsymbol{W_{ges} = 5.6697 \cdot 10^{-8} \cdot 1200^4 = 117567\ \frac{W}{m^2}}$$

$$\boldsymbol{W = 117567\ \frac{W}{m^2} \cdot 0.02^2 \cdot \pi = 148\ Watt}$$

Hätte die Stirnfläche des Zylinders den Emissionsfaktor ε = 0.7, dann wäre die Strahlungsleistung bei 1200K:

$$\boldsymbol{W_{\epsilon 0.7} = W \cdot \epsilon = 148\ W\ \cdot 0.7 = 103.6\ Watt}$$

1.3.5 Graue Strahler

Wenn 1> ε>0 ist und ε den gleichen Wert über den Wellenlängenbereich hat, dann handelt es sich um einen grauen Strahler. Die gerechnete Strahlungsleistung wird in dem Fall einfach mit ε multipliziert.

1.3.6 Selektive Strahler

Nimmt ε für unterschiedliche Wellenlängen verschiedene Werte an, dann spricht man von einem selektiven Strahler. Wie soll das denn gehen? Da fallen einem ja gleich Körperfarben ein. Richtig gefärbte Körper oder Lacke sind typische selektive Strahler.

1.3.7 Zusammenfassung Temperaturstrahler

Temperaturstrahler sind die wohl meist verwendeten Strahlungsquellen, z. B. Sonne, Glühlampe. Die kennzeichnenden Größen sind:

- Temperatur.
- Emissionsfaktor und Emissionscharakteristik, z. B. graue Strahler.
- Größe der betrachteten Abstrahlfläche.

Mit diesen Werten lässt sich die Strahlungsenergie eines Temperaturstrahlers nach dem Stefan-Boltzmann-Gesetz rechnen.

1.3.8 Linienstrahler

Wenn eine Strahlungsquelle nur einige spezifische Wellenlängen emittiert, dann handelt es sich um einen Linienstrahler.

Gasentladungslampen sind typische Linienstrahler, die durch die Material typischen Linien- bzw. Bandenspektren charakterisiert sind.

Laser sind ebenfalls Linienstrahler, die aber nur eine Wellenlänge emittieren. Linienstrahler sind oft Auszüge aus den vorhandenen Material spezifischen Linien- bzw. Bandenspektren von Materialien.

1.4 Spektren

Alle Wellenlängen von 400nm bis 750nm bilden das Spektrum des für das menschliche Auge sichtbaren Lichtes, d. h. ein Spektralbereich definiert einfach nur einen Wellenlängenbereich. Wir unterscheiden zwischen zwei Arten von Spektren, das Absorptionsspektrum und das Emissionsspektrum.

- **Spektren**
  - **Absorptionsspektrum (glühende Gase)**
  - **Emissionsspektrum**
    - **Kontinuierliches Spektrum (feste und flüssige Stoffe)**
    - **Linienspektrum (glühende atomare Gase)**
    - **Bandenspektrum (glühende molekulare Gase)**

1.4.1 Kontinuierliches Spektrum

Angenommen, wir sammeln das ausgesendete Licht (emittierte Strahlung) einer glühenden Stahlstange in einem Gerät, mit dem wir die Möglichkeit haben, dieses Licht in seine einzelnen Wellenlängen zu zerlegen und darzustellen, so ein Gerät könnte ein Spektrometer oder ein Spektrograf sein. Das Ergebnis wäre ein kontinuierliches Spektrum (Bild 1).

Bild 1 Kontinuierliches Spektrum

Das kontinuierliche Spektrum ist typisch für Temperaturstrahler.

Der wohl bekannteste Spektrograf ist der Regenbogen. Wasserpartikel in der Luft wirken als optisch transparentes Material, und diese teilen das Licht in seine Wellenlängen auf. Wie später noch erklärt wird, geschieht dies wegen der Dispersionseigenschaft von Materialien.

1.4.2 Linienspektrum, Bandenspektrum

Jedes Element, das in einen gasförmigen Zustand gebracht wird und leuchtet, hat die Eigenschaft, dass es nur in einigen Wellenlängen Licht aussendet, also Strahlung emittiert. Die anderen Wellenlängen des Spektrums fehlen, und die von dem Gas emittierten Wellenlängen sind materialspezifisch (Bild 1, nur Linien starker Emission).

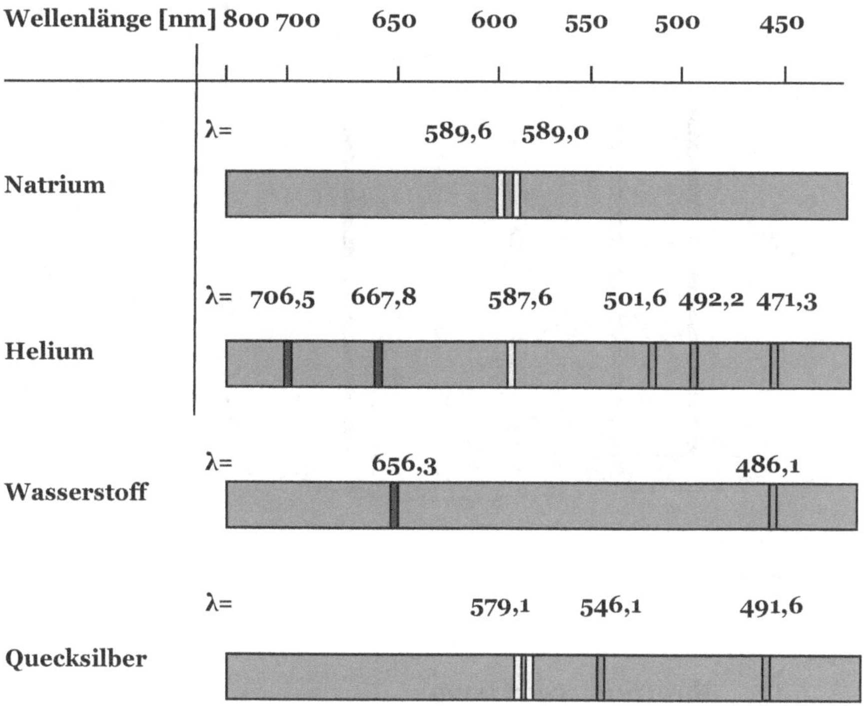

Bild 1

Eine sehr wichtige Anwendung dieser spektralen Eigenschaft von Gasen ist die Analyse von Materialien. Man bringt ein Material in gasförmigem Zustand zum Leuchten und misst die emittierten Wellenlängen. Daraus kann man Rückschlüsse ziehen, welche Elemente in dem Material enthalten sind.

Eine andere Anwendung ist, dass in Verbindung mit entsprechenden optischen Filtern man eine der spektralen Linien herausfiltern kann und so nahezu monochromatisches Licht (d. h. Licht nur einer Wellenlänge) erhält (Bild 2).

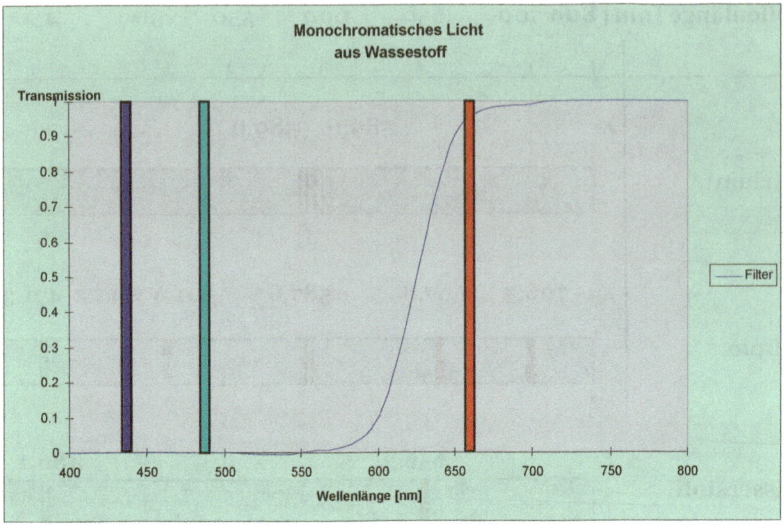

Bild 2

1.4.3 Absorptionsspektrum

Ein Absorptionsspektrum ist ein kontinuierliches Spektrum mit Lücken, verursacht durch fehlende Wellenlängen (Bild 1).

Bild 1 Absorptionsspektrum Wasserstoff

Diese Lücken können durch optische Filter entstehen oder aber durch die Linien- oder Bandenspektren von Gasen.

Die Vorgehensweise ist, dass man erstmals eine Quelle mit z. B. weißem Licht erstellt. In den Strahlengang des weißen Lichts kommt ein Gas, dessen Temperatur niedriger ist als die der Quelle.

Nach dem Gasdurchgang wird das Spektrum des weißen Lichts analysiert. An den Stellen, an denen die Linien- bzw. Bandenspektren des Gases sind, erscheinen nun schwarze Striche, also Absorptionslinien. Das Gas absorbiert genau die Wellenlängen des weißen Lichtes, die es sonst selber emittiert, vorausgesetzt, die Temperatur der Quelle ist höher als die Eigentemperatur des Gases (Bild 2). Dies wurde schon im 19. Jahrhundert von Kirchhoff erkannt.

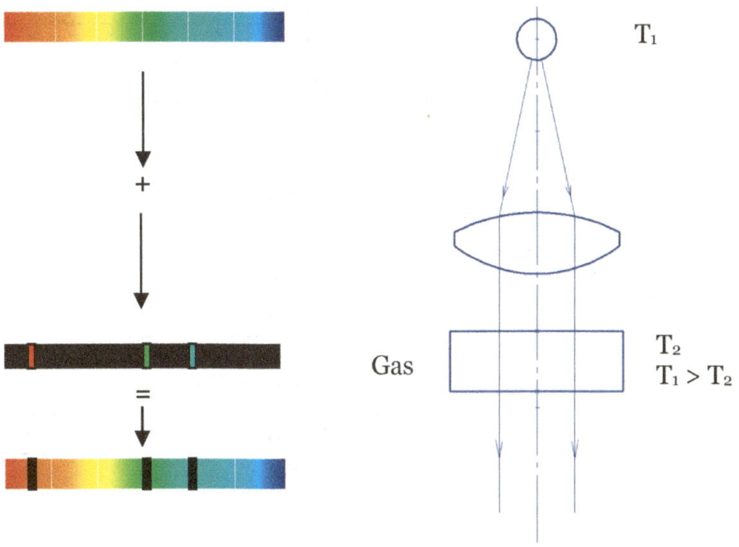

Bild 2

Ein typisches Absorptionsspektrum ist das Sonnenspektrum. Die flüssige Oberfläche der Sonne, die Fotosphäre, emittiert ein kontinuierliches Spektrum. Die Sonne ist von Gasen umgeben, der Chromosphäre, die eine niedrigere Temperatur als die flüssige Oberfläche der Sonne haben. Nun durchdringt das kontinuierliche Spektrum der Sonnenoberfläche die sie umgebenden Gase und ein Absorptionsspektrum entsteht.

Die ersten Absorptionslinien wurden Anfang des 19. Jahrhunderts von Fraunhofer entdeckt und deswegen nennt man sie Fraunhofer'sche Linien (Tabelle 1).

	Wellenlänge in nm
K	393,4
H	396,9
h	404,7
G	430,8
G'	434
g	435,8
F'	480
F	486,1
E	527
e	546,1
d	587,6
D	589,3
C'	643,8
C	656,3
B	686,7
a	718,6
A	759,4
A'	768,2

Tabelle 1 Frauenhofersche Linien

Literaturhinweise

Smith, Warren J.: Modern Optical Engineering. New York (McGraw-Hill) 2000.

Pforte, Heiz: Feinoptiker Teil 2. Berlin (VEB Verlag Technik) 1980.

2. Übertragungsstrecke

Die Übertragungsstrecke ist der Bereich zwischen dem betrachteten Objekt und der Optik. Sie ist durch verschiedene Merkmale charakterisiert, diese sind:

- Länge der Übertragungsstrecke, d. h. Distanz zwischen Objekt und Optik. Die Länge kann Bruchteile von Millimetern betragen, wie z. B. bei der Mikroskopie, bis hin zu Lichtjahren, wie in der Astronomie. Die Distanz zwischen Objekt und Optik ist eher eine konstruktive Größe, die je nach Aufgabenstellung entweder vorgegeben ist, oder aber als Variable in die Systemkonfiguration eingesetzt werden kann.

- Medium in der Übertragungsstrecke, z. B. Vakuum, Gase (Luft), Flüssigkeiten oder feste, optisch transparente Materialien wie Lichtwellenleiter. Vakuum hat keinen irgendwie gearteten Einfluss auf elektromagnetische Strahlung. Gase, Flüssigkeiten und feste Körper können Licht brechen und die Laufzeit und Richtung verändern.

- Absorption von Licht in der Übertragungsstrecke. Licht, das durch ein gasförmiges, flüssiges oder festes Medium hindurchgeht, wird einen Teil seiner Energie verlieren, und zwar durch Absorption im Medium. Wenn es sich bei dem Medium in der Übertragungsstrecke um die uns umgebende Atmosphäre handelt, dann sieht die Transmission bei einer Entfernung von 1km und normalen Sichtbedingungen vom sichtbaren Licht bis zum Infrarot folgendermaßen aus:

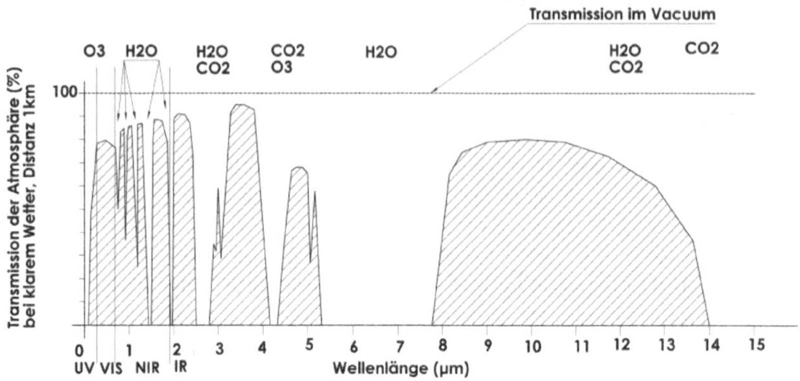

Der schraffierte Bereich zeigt die Transmission an. Ein Teil der Strahlung wird teilweise oder ganz absorbiert. Der Grund dafür sind im Wesentlichen Wasser (H_2O), Kohlendioxid (CO_2) und Ozon (O_3) in der Luft. Im sichtbaren Bereich (VIS) wird mit zunehmender Entfernung oder mit höherer Luftfeuchtigkeit die Transmission geringer. Im nahen Infrarot (NIR) kann man deutliche Absorptionsstellen für einige Wellenlängen erkennen, und im infraroten Bereich (IR) fehlen da schon ganze Wellenlängenbereiche, d. h. diese Energie wird von der Atmosphäre absorbiert. Für Anwendungen im IR wählt man deswegen entweder den Wellenlängenbereich 3 – 5 µm oder den Bereich 8 – 14 µm.

Im Bereich von Ultraviolett (UV) ist das Gas Ozon hauptverantwortlich für die Absorption. Dieser Zusammenhang erklärt auch, weswegen das Ozonloch in der Erdatmosphäre so problematisch ist. Eine Reduzierung des Ozonanteils bewirkt, dass mehr UV-Strahlung von der Sonne zur Erdoberfläche gelangt, und die ist schlecht verträglich für Mensch und Tier.

Hat der Anwender den konkreten Fall, dass er über eine größere Entfernung ein Objekt beobachten will, muss er sich schon Gedanken über die Atmosphäre machen und deren Verhalten bei verschiedenen Wetterbedingungen berücksichtigen. Dies kann experimentell geschehen oder mit berechneten Atmosphärenmodellen.

Für kurze Entfernungen zwischen Objekt und Optik, wie z. B. im Labor, sind in der Regel die Absorptionsverluste in der Atmosphäre vernachlässigbar.

Ist das Medium in der Übertragungsstrecke ein Lichtwellenleiter (LWL), dann wird man vom Hersteller einen Absorptionskoeffizienten bzw. den Dämpfungsfaktor für dieses Material erhalten und entsprechend bei der Wahl der Sende- bzw. Empfangskomponenten berücksichtigen.

Weiterhin wird Streuung im Material des Mediums sein. Licht, das durch die Atmosphäre dringt, hat auch noch zusätzliche Verluste durch Streuung an den Luftmolekülen (Rayleigh-Streuung) und durch Streuung an Aerosol-Teilchen (Mie-Streuung). In LWL kann Streuung im Material durch Einschlüsse und Unreinheiten erfolgen.

Störungen in der Übertragungsstrecke, z. B. Inhomogenitäten oder zeitliche Veränderungen wie Rauchentwicklung oder Nebel. Diese sind sehr schwer systematisch zu erfassen, wohl noch am ehesten experimentell. Es gilt wieder, im Labor kann man sie vernachlässigen, doch bei Anwendungen außerhalb oder bei industriellen Prozessen können diese Dinge durchaus die Grenzen von Systemen markieren. Angenommen, man projektiert eine CCD-Kamera mit Objektiv zur Überwachung einer Fläche von 100m x 100m außerhalb eines Gebäudes. Gibt es eine optische Lösung, um die Überwachungsaufgabe auch im Herbst bei dichtem Nebel zu erfüllen? Wohl kaum.

Die Transmission der Atmosphäre hängt von vielen Einflussgrößen ab, deren Berechnung sehr komplex ist. Einige der wesentlichen Einflussgrößen wie Rayleigh-Streuung, Streuung an Aerosol-Teilchen und Absorption durch Ozon sind in dem Extinktions Koeffizienten [σ] zusammengefasst. Im sichtbaren Bereich [VIS] liegt dieser Wert bei σ = 0.1 – 0.2 an einem klaren Tag mit guter Sichtweite. Die Transmission ist dann:

$$T = e^{(-\sigma \cdot D)}$$

D = Distanz [km]

Beispiel:

Die Transmission der Atmosphäre in 2 km Entfernung und σ = 0.2 ist:

$$\boldsymbol{T} = e^{(-0.2 \cdot 2)} = \mathbf{0.67} \quad (67\%)$$

Extinktion Koeffizienten [σ] bei unterschiedlichen Sichtweiten:

Extinktion Koeffizient [σ]	Sichtweite am Tag	Wetter
80 - 4	40 Meter – 1 km	Nebel
4 - 2	1 km - 2 km	Leichter Nebel
2 - 1	2 km - 4 km	Dunst
1 - 0.4	4 km - 10 km	Trübes Wetter
0.4 - 0.2	10 km - 20 km	Klares Wetter
0.2 - 0.05	20 km - 50 km	Sehr klares Wetter

2.1 Atmosphäre

Da die Atmosphäre mit das wichtigste Übertragungsmedium ist, lohnt es sich ein gutes Verständnis dafür zu haben, wie sich diese im Zusammenspiel mit elektromagnetischer Strahlung verhält.

Unsere Erdatmosphäre besteht aus:

- 78% N_2 (Stickstoff)
- 21% O_2 (Sauerstoff)
- 0.93 % Ar (Argon)

Dann sind da noch Spuren von CO_2 (Kohlendioxid), CH_4 (Methan), O_3 (Ozon), SO_2 (Schwefeldioxid) und je nach Region auch andere.

Außerdem sind in der Atmosphäre noch Aerosole und feste Partikel enthalten, in Form von Dunst, Nebel, Rauch, Regen und Staub mit verschiedenen Partikelgrößen:

• Gas Moleküle	10e-04 µm
• Aerosole	0.1 – 1 µm
• Wolken	5 – 50 µm
• Regentropfen	0.1 – 3 mm
• Feinstaub	< 2.5 µm
• Staub	1 – 60 µm

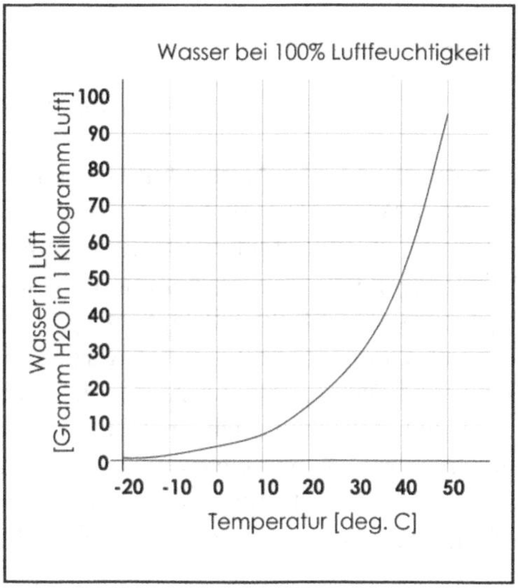

Aber mit am prägendsten für die Transmission, ist das in der Atmosphäre aufgelöste Wasser, dessen Menge von der Temperatur ab-hängig ist. Bei einer Temperatur von z. B. 24°C, können bis zu 20 Gramm Wasser in 1 Kilogramm Luft gelöst sein. Bei 40°C kann 1 Kilogramm Luft bereits 50 Gramm Wasser auflösen. Wie in der Grafik 'Transmission der Atmosphäre' zu erkennen, ist der Wassergehalt wesentlich verantwortlich für den Grad Absorption in den verschiedenen Absorptionsbanden.

Wenn Strahlung in der Atmosphäre auf Aerosole oder feste Partikel trifft, dann wird diese reflektiert, gebrochen, gebeugt oder absorbiert.

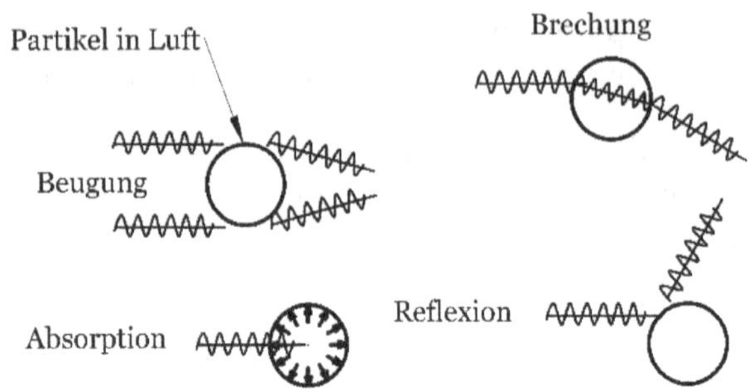

Sogar Phasenverschiebungen mit den daraus resultierenden Interferenzerscheinungen können auftreten. Was an einem Partikel geschieht und welches Verhalten dominant ist, hängt von deren Größe, Transparenz und Oberflächenbeschaffenheit ab.

Die Transmission durch die Atmosphäre ist:

$$T = T_{in\,(100\%)} - Absorption - Streuung$$

Die Absorption in der Atmosphäre wird im Wesentlichen durch das darin enthaltene Wasser (H_2O), Kohlendioxid (CO_2) und Ozon (O_3) verursacht. H_2O und CO_2 absorbieren Strahlung im Infrarot Bereich. Es gibt da Wellenlängen Bereiche, die komplett absorbiert werden, z. B. 1.35-1.4µm, 1.85-1.9µm, 2.6-2.8µm, 4.2-4.4µm, 5.5-7.5µm. Diese Bereiche können technisch kaum sinnvoll genutzt werden, da die Strahlung bereits nach sehr kurzer Distanz von der Atmosphäre komplett absorbiert wäre. Das Gas O_3 hat sicherlich auch im Infrarot Absorptionsverhalten, doch am meisten wirkt es bei kurzwelliger Ultra-Violett [UV] Strahlung. Die energiereiche UV Strahlung der Sonne, bewirkt in der Stratosphäre die Verbindung von O_2 + O zu O_3. Dadurch verliert die UV Strahlung Energie.

Gelangen jedoch gewisse Kohlenwasserstoffe (z. B. FCKW) in die Stratosphäre, verhindern diese die Bildung von O_3 und die sehr energiereiche UV Strahlung gelangt bis zur Erdoberfläche.

Streuung an Teilchen in der Atmosphäre bewirkt eine Richtungsänderung der Strahlung.

Bei der normalen Streuung sind die Partikel sehr viel grösser als die gestreute Wellenlänge. Da treten normale Reflexion, Beugung oder Brechung auf.

Mie-Streuung findet statt, wenn die Partikelgröße 0.1-10 μm beträgt. Der Streuwinkel hängt, ähnlich wie bei einem Gitter, von der Wellenlänge ab.

Die Rayleigh-Streuung geschieht an Molekülen und sehr kleinen Partikeln, <<0.1μm. Die einfallende Strahlung erregt die Moleküle solcherart, dass diese von selber anfangen in der gleichen Wellenlänge Strahlung zu emittieren. Je länger die Wellenlänge, desto schwächer ist die Rayleigh-Streuung. Das bedeutet aber auch, dass kurzwelliges blaues Licht sehr viel stärker gestreut wird wie z. B. gelbes oder rotes Licht. Die Rayleigh-Streuung ist der Grund, wieso an klaren Tagen der Himmel blau erscheint.

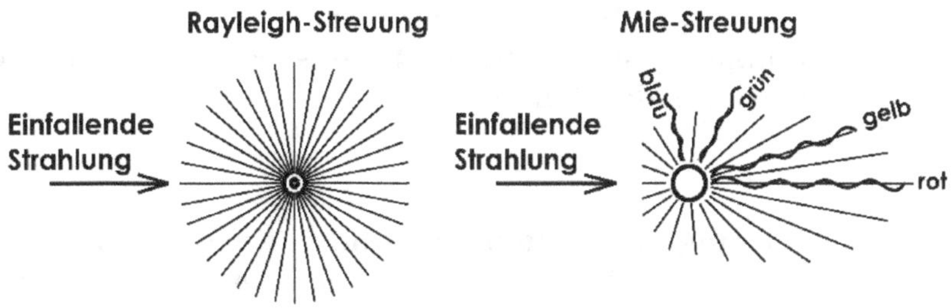

Literaturhinweise

Harris, Daniel C.: Materials for Infrared Windows and Domes. Bellingham (SPIE) 1999.

Smith, Frederick G.: Atmospheric Propagation of Radiation. Michigan 1993.

3. Optik

Optik ist derjenige Teil der Funktionsstrecke, der eine gezielte Konditionierung des Lichtes bewirken soll. Dies kann eine Richtungsänderung sein, eine Abschwächung, eine selektive Filterung von Wellenlängen, eine Polarisation usw.

Wenn Licht auf die Oberfläche eines Körpers trifft, dann können verschiedene Dinge geschehen, diese sind:

- **Reflexion. Das Licht wird an der Oberfläche diffus oder gerichtet reflektiert, z. B. Spiegel, Filmleinwand.**

- **Transmission. Das Licht kann durch einen optisch transparenten Körper hindurchgehen, z. B. Fenster, Linsen, Prismen, Mattscheiben.**

- **Absorption. Das Licht dringt in den Körper ein und wird von diesem 'verschluckt' was eine Energieaufnahme bedeutet, z. B. das Erwärmen dunkler Körper in der Sonne.**

- **Beugung. An Spalten und Kanten wird Licht in Anteile unterschiedlicher Intensitäten und Ausbreitungsrichtung zerlegt.**

- **Polarisation. Die unterschiedlichen Schwingungsrichtungen eines inkohärenten Lichtes werden getrennt, z. B. in einer senkrechten und einer waagerechten Ebene.**

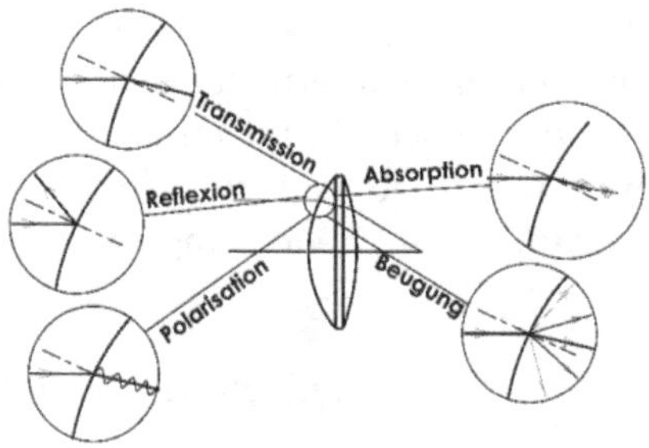

In der Realität ist es meistens so, dass oft zwei oder gar mehrere dieser Dinge gleichzeitig geschehen. Es ist die Aufgabe speziell der optischen Fertigungstechnik, die eine oder andere dieser Eigenschaften durch spezielle Maßnahmen hervorzuheben oder zu unterdrücken.

3.1 Reflexion

3.1.1 Reflexionsgesetz

Wenn Licht auf einer reflektierenden Oberfläche trifft, ändert es seine Ausbreitungsrichtung relativ zur Normalen der Oberfläche.

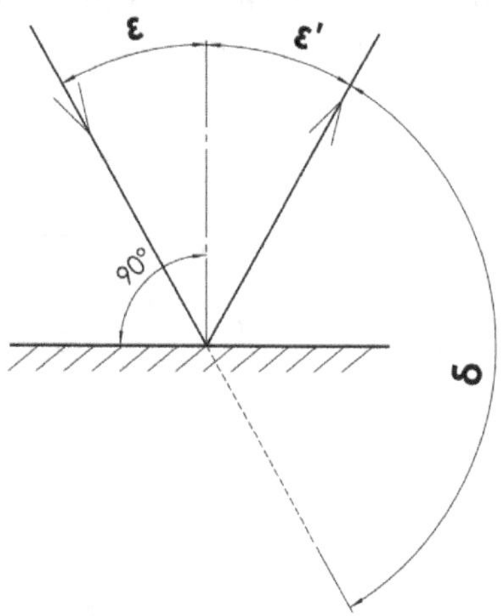

Dies ist durch das Reflexionsgesetz bewiesen. Es besagt, dass der Einfallswinkel [ε] zur Oberflächennormalen dem Betrag nach gleich dem Reflexionswinkel [ε'] zur selben Normalen ist. Der Wert |ε| bedeutet, dass dies ein Absolutwert ist und für diese Betrachtungen eine Vorzeichenänderung von '+' zu '-' oder umgekehrt nicht berücksichtigt wird.

$$|\varepsilon| = |\varepsilon'| \qquad \underline{\textbf{Reflexionsgesetz}}$$

Die gesamte Auslenkung [δ] des einfallenden Strahles beträgt:

$$\boldsymbol{\delta = 180° - |\varepsilon| - |\varepsilon'|}$$

Das Reflexionsgesetz, das sich hier so einfach und schlüssig darstellt, ist sehr wichtig für eine Vielzahl von Anwendungen in der technischen Optik.

3.1.2 Auslenkung bei Verkippung

Wenn eine reflektierende Fläche, also ein Spiegel, in einem optischen Strahlengang um den Winkel [α] verkippt wird, dann hat dies auch eine Änderungen des Reflexionswinkels zur Folge.

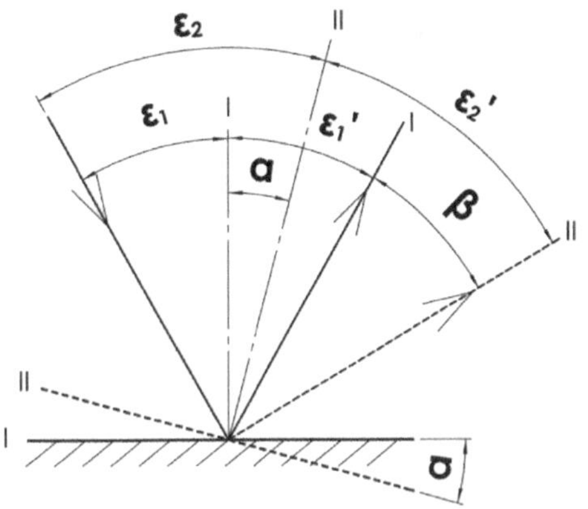

Eine Verkippung um den Winkel [α] wird die Auslenkung des reflektierten Strahles um den Winkel [β] bewirken.

Der Winkel [β] lässt sich herleiten aus:

$$\boldsymbol{\beta = 2 \cdot |\varepsilon_2| - 2 \cdot |\varepsilon_1|}$$

Es gilt auch:

$$\boldsymbol{|\varepsilon_2| = |\varepsilon_1| + \alpha}$$

Eingesetzt in $\beta = 2 \cdot |\varepsilon_2| - 2 \cdot |\varepsilon_1|$ ergibt:

$$\boldsymbol{\beta = 2 \cdot |\varepsilon_1| + 2 \cdot \alpha - 2 \cdot |\varepsilon_1|}$$

$$\boldsymbol{\beta = 2 \cdot \alpha}$$

Wenn ein Spiegel um den Winkel [α] verkippt wird, dann beträgt die Winkelauslenkung [β] des reflektierten Strahles den doppelten Wert.

Das heißt, Positionier- und Formfehler von Spiegeln verursachen den doppelten Fehler in einem optischen Strahlengang.

Das hat Konsequenzen bei der Auslegung, Konstruktion und Handhabung von optischen Geräten. Reflektierende Flächen bedürfen besonderer Sorgfalt in Konstruktion, Fertigung und Montage.

3.2 Transmission, Lichtbrechung, Brechungsgesetz nach Snellius

Wenn Licht auf einen optisch transparenten Körper trifft, dann ändert sich die Geschwindigkeit des Lichtes in diesem Körper. Diese Änderung ist eine Materialkonstante und der Quotient der Geschwindigkeiten nennt man den Brechungsindex [n].

$$n = \frac{C}{C_n}$$

C = Lichtgeschwindigkeit im Vakuum

Cn = Lichtgeschwindigkeit im optisch transparenten Körper.

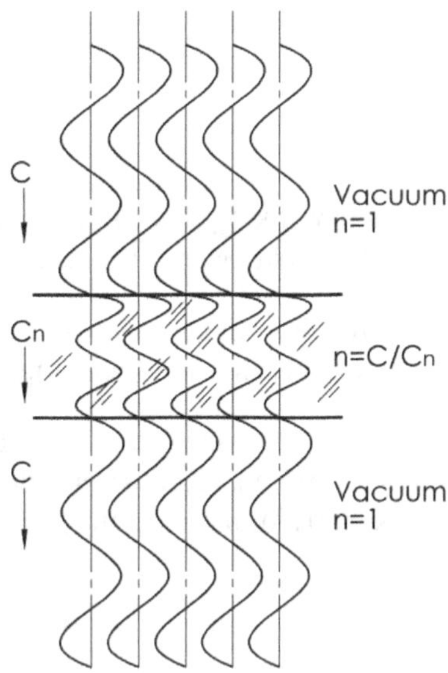

Doch nun, ‘Der und sein Vakuum, bei den meisten Anwendungen habe ich doch die uns umgebende Atmosphäre vor der Linse und kein Vakuum.’

Richtig, das stimmt so und wenn wir es ganz genau haben wollen, sollten wir den Brechungsindex der Atmosphäre $n \approx 1.0003$ berücksichtigen, anstatt den des Vacuums $n = 1$.

Für unsere weiteren Betrachtungen aber sagen wir einfach, dass für die Atmosphäre $n = 1$ gilt. Das ist genau genug und erst wenn man optisches Design betreibt, kann man sich Gedanken über Werte an der 4’ten Stelle nach dem Koma machen.

Der für den Anwender aber wohl interessanteste Fall ist, wenn der Lichteinfall nicht senkrecht zur Fläche stattfindet, sondern unter einem Winkel [ε] zur Flächennormalen.

Nachdem der Strahl die Fläche des optisch transparenten Körpers durchdrungen hat, ändert er seine Richtung zu dem neuen Winkel [ε’] zur Flächennormalen, abhängig vom Wert [n] des Körpers.

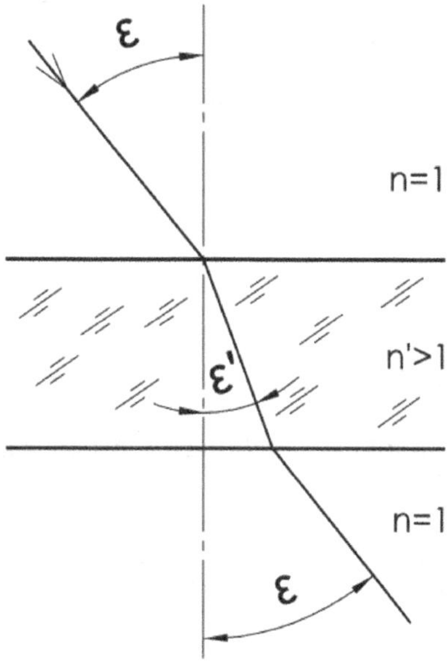

Es gilt:

$$n \cdot \sin|\varepsilon| = n' \cdot \sin|\varepsilon'| \qquad \textbf{\underline{Brechungsgesetz nach Snellius}}$$

Durch Umstellung bekommt man:

$$n' = n \cdot \frac{\sin|\varepsilon|}{\sin|\varepsilon'|}$$

Oder :

$$\varepsilon' = \sin^{-1}\left(\frac{n}{n'} \cdot \sin|\varepsilon|\right)$$

Einige typische Brechzahlen von Materialien sind:

- Wasser n = 1.333
- Acrylglas n = 1.49
- Glas BK7 n = 1.52 (Fa. Schott)
- Glas SF57 n = 1.85 (Fa. Schott)
- Silizium n = 3.41

Das Reflexionsgesetz und das Brechungsgesetz sind die Hauptwerkzeuge der optischen Rechnung.

3.3 Dispersion

3.3.1 Abbesche Zahl (ve)

Die Dispersion beschreibt die Brechungsindexänderungen in Abhängigkeit von der Wellenlänge.

Dies bedeutet, dass die Auslenkung des einfallenden Lichtes beim Durchdringen eines optisch transparenten Körpers, für verschiedene Wellenlängen unterschiedlich ist.

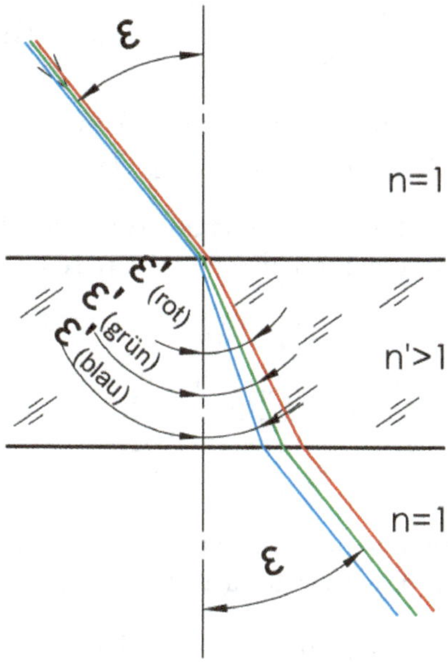

Der gegebene Brechungsindex [n] eines optisch transparenten Stoffes gilt immer nur für eine definierte Wellenlänge [λ] d. h.

$$n = f(\lambda)$$

Mit größer werdender Wellenlänge nimmt der Brechungsindex ab.

Hersteller von optischen Gläsern geben für ihre Produkte immer eine Tabelle an, mit einer Reihe von Wellenlängen und dem dazugehörigen Brechungsindex. Der angegebene Wellenlängenbereich ist typischerweise der Bereich, in dem das Glas optisch nutzbar ist.

Es ist nach Definition so, dass für die Wellenlänge λ = 546,1 nm der Brechungsindex auch Hauptbrechungsindex [n_e] genannt wird. Wenn für ein Glas ein Brechungsindex gegeben ist, z. B. in einem Datenblatt, und keine dazugehörige Wellenlänge, dann ist es der Hauptbrechungsindex [n_e].

Die Dispersionseigenschaft eines Glases wird mithilfe der Abbesche' Zahl [ν_e] beschrieben, die sich berechnet aus:

$$\nu_e = \frac{n_e - 1}{n_{F'} - n_{C'}}$$ **Abbesche Zahl**

Es gilt, $n_{F'}$ ist der Brechungsindex für λ = 480 nm, und $n_{C'}$ ist der Brechungs-index für λ = 643,8 nm.

Man kann natürlich die Dispersionszahl [ν] auch für andere Wellenlängen ermitteln, dann nennt man diesen Wert Teildispersion.

$$\nu_x = \frac{n_{\lambda\,mittel} - 1}{n_{\lambda\,kurz} - n_{\lambda\,lang}}$$

Eine niedrige Dispersionszahl [ν] bedeutet, eine hohe Dispersion d. h. der Brechungsindex [n] wird sich stark ändern mit der Wellenlänge [λ].

Es gilt natürlich entsprechend umgekehrt, dass eine hohe Dispersionszahl eine geringe Änderung des Brechungsindex mit der Wellenlänge [λ] bedeutet.

Die Dispersionseigenschaft von Materialien ist die Ursache für sogenannte 'Farbfehler' (auch chromatische Aberration) von optischen Systemen, z. B. Farbränder.

3.3.2 Dispersionsprisma

Das Dispersionsprisma ist ein optisches Bauelement, das die Dispersions-eigenschaft von Materialien sehr gut verdeutlicht und außerdem zur Zerlegung und Analyse von Licht dient. Die zuvor betrachtete Dispersion einer Planparallelplatte bewirkt den Lateralversatz der einzelnen Wellenlängen nach dem Durchgang. Das Dispersionsprisma bewirkt durch die Schrägstellung der brechenden Flächen einen Winkelversatz der Wellenlängen. Dieses lässt sich besser zu einer nachfolgenden Analyse nutzen.

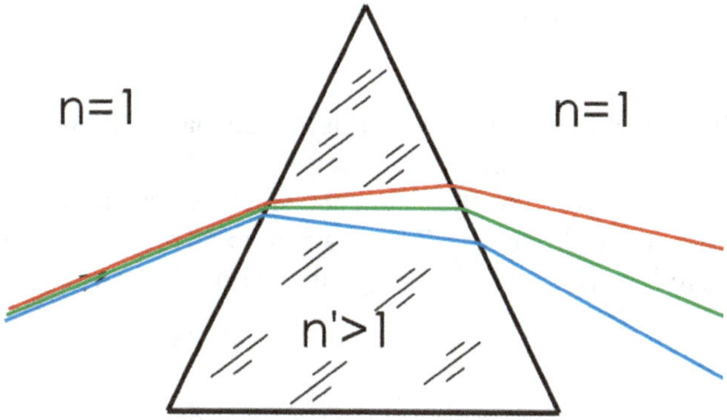

<u>*Literaturhinweise*</u>

Smith, Warren J.: Modern Optical Engineering. New York (McGraw-Hill) 2000.

Firma Schott: Optische Glass. Katalog 2009.

3.4 Totalreflexion

An der Grenzfläche zwischen zwei optisch transparenten Materialien mit verschiedenen Brechungsindex kann außer Brechung auch Totalreflexion stattfinden. Dies kann aber nur sein, wenn der Durchgang des Lichts vom höheren Brechungsindex [n_1] zum niedrigeren Brechungsindex [n_2] stattfindet und wenn der Grenzwinkel [ε_G] überschritten wird.

Der Grenzwinkel [ε_G], bei dem der Wechsel von Brechung zur Totalreflexion stattfindet, ist:

$$\sin \varepsilon_G = \sin \frac{n_2}{n_1}$$

oder

$$\varepsilon_G = \sin^{-1} \frac{n_2}{n_1}$$

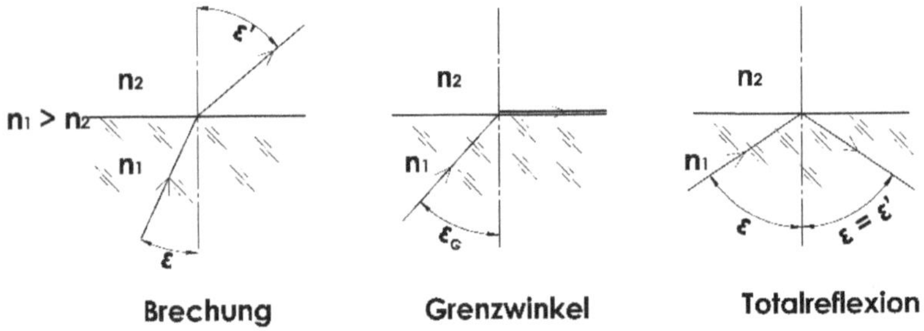

Z.B. für $n_1 = 1.52$ [BK7] und $n_2 = 1$ ist

$$\varepsilon_G = \sin^{-1} \frac{1}{1.52} = 41.1°$$

für $n_1 = 1.75$ [SF4] und $n_2 = 1.52$ ist:

$$\varepsilon_G = \sin^{-1}\frac{1.52}{1.75} = 60.3°$$

Für die Totalreflexion gibt es verschiedene optische Anwendungen wie z. B. bei Prismen, wo der Strahlengang im Prisma gehalten wird, ohne dass Verspiegelungen der Reflexionsflächen nötig sind.

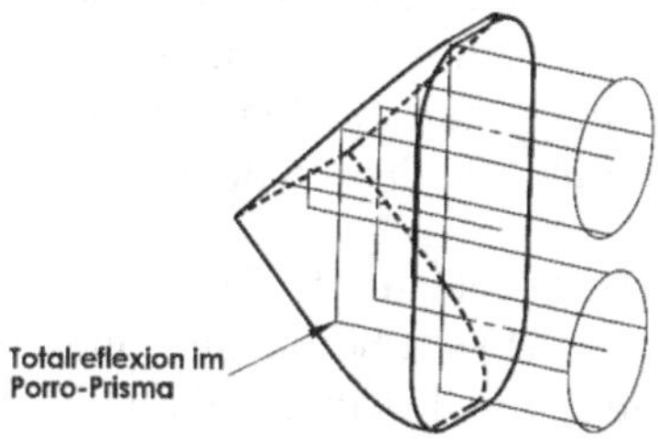

Eine weitere sehr wichtige Anwendung der Totalreflexion ist die Lichtübertragung in Lichtwellenleitern. Da die Totalreflexion an der Grenzfläche praktisch nahezu 100% ist, kann man Licht mit geringer Signaldämpfung über weite Entfernungen übertragen.

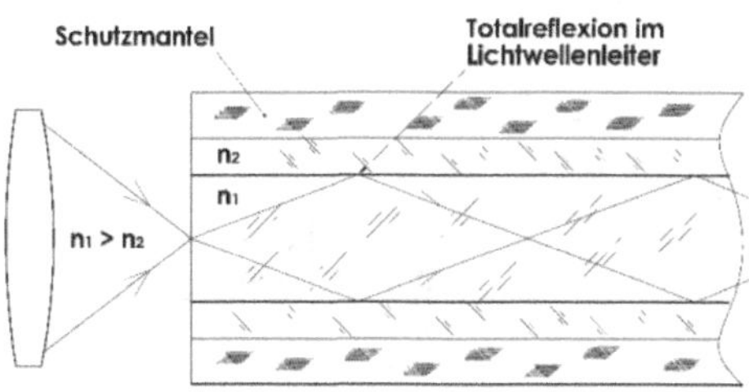

Um bei der Totalreflexion auch wirklich eine totale Reflexion zu erhalten, ist es unerlässlich, dass die Grenzfläche eine sehr hohe Güte aufweisen muss, z. B. feinpoliert. Außerdem sollten keine Verunreinigungen auf solch einer Fläche sein.

<u>*Literaturhinweise*</u>

Firma Schott: Optisches Glas. Katalog 2009.

3.5 Reflexion an Grenzflächen optisch durchlässiger Medien

Wenn ein Lichtstrahl auf eine polierte Fläche eines optisch durchlässigen Materials trifft, z. B. eine Glasscheibe, dann wird der Strahl die Oberfläche durchdringen und durch das dahinter liegende Material durchgehen. Ein Teil des Lichtstrahles jedoch wird an dieser Oberfläche reflektiert, dem Reflexionsgesetz folgend.

Dieser reflektierte Teil, der auch die Fresnelsche Reflexion genannt wird, variiert vom Betrag her mit dem Brechungsindex des Materials und mit dem Einfallswinkel [ε] relativ zur Flächennormalen.

Die energiebezogene Reflexion (R) rechnet sich aus:

$$R = \frac{1}{2} \cdot \left[\left(\frac{\sin(\varepsilon - \varepsilon')}{\sin(\varepsilon + \varepsilon')} \right)^2 + \left(\frac{\tan(\varepsilon - \varepsilon')}{\tan(\varepsilon + \varepsilon')} \right)^2 \right]$$

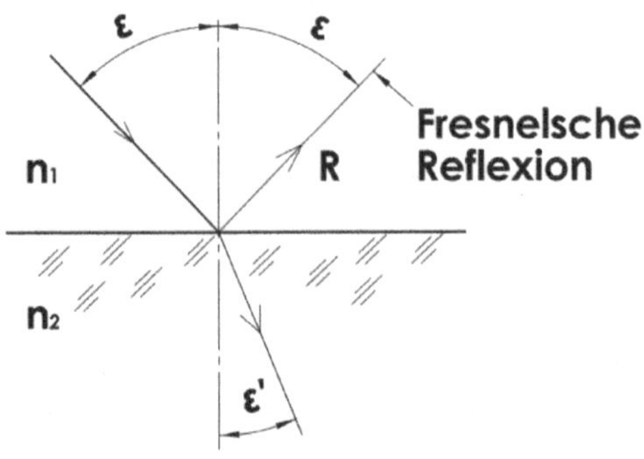

Für den Sonderfall, dass ε = 0 ist, rechnet sich die Reflexion aus :

$$R = \left[\frac{(n_2 - n_1)}{(n_2 + n_1)} \right]^2$$

Z.B. für $n_1 = 1$, $n_2 = 1.52$ (BK7), $\varepsilon = 0$ ist

$$R = \left[\frac{(1.52 - 1)}{(1.52 + 1)}\right]^2 = 0.0426 \qquad (4.26\%)$$

für $n_1 = 1$, $n_2 = 1.84$ (SF57), $\varepsilon = 0$ ist

$$R = \left[\frac{(1.84 - 1)}{(1.84 + 1)}\right]^2 = 0.0875 \qquad (8.75\%)$$

Ein hochbrechendes Glas mit n = 1.84 hat bereits eine doppelt so hohe Reflexion wie ein Glas mit einem mittleren Brechungsindex n = 1.52 .

Da ein Fenster, eine Linse oder ein Prisma aber typischerweise zwei Flächen hat, durch die Strahlung hindurch geht, muss man die Reflexionsverluste für jede Fläche betrachten.

Z. B. für ein Fenster (2 Seiten) mit $n_1 = 1$, $n_2 = 1.52$ (BK7), $\varepsilon = 60^\circ$ ist

$$\sin \varepsilon' = \frac{\sin \varepsilon}{n_2} = \frac{\sin 60^\circ}{1.52} = 0.5698$$

$$R = \frac{1}{2} \cdot \left[\left(\frac{\sin(60 - 34.73)}{\sin(60 + 34.73)}\right)^2 + \left(\frac{\tan(60 - 34.73)}{\tan(60 + 34.73)}\right)^2\right]$$
$$= 0.0925 \qquad (9.25\%)$$

Die Reflexion an der zweiten Seite wird mit den Winkeln $\varepsilon = 34.73^\circ$ und $\varepsilon' = 60^\circ$ gerechnet:

$$R = \frac{1}{2} \cdot \left[\left(\frac{\sin(34.73 - 60)}{\sin(34.73 + 60)}\right)^2 + \left(\frac{\tan(34.73 - 60)}{\tan(34.73 + 60)}\right)^2\right]$$
$$= 0.0925 \qquad (9.25\%)$$

d.h.

$\mathbf{R_1 = R_2}$

Daraus ist zu erkennen, dass die Reflexionen, zumindest prozentual, an den Flächen gleich groß sind, unabhängig davon, ob der Übergang von niedrigbrechenden zum höherbrechenden Medium stattfindet oder umgekehrt.

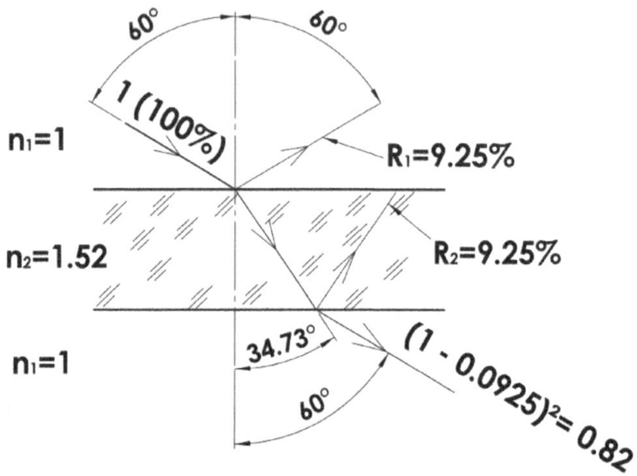

Dem Betrag nach muss man jedoch berücksichtigen, dass nach der ersten brechenden Fläche die Strahlungsleistung bereits um die Reflexion [R1] verringert ist. Deswegen kommt an der zweiten Fläche schon eine etwas geringere Strahlungsleistung an, von der dann R2 anteilsmäßig reflektiert wird.

Die Transmission [T] durch mehrere optische Komponenten kann man näherungsweise berechnen aus:

$$\boldsymbol{T \approx (1 - R)^x}$$

x = Anzahl der brechenden Flächen

Z.B. eine Folge von 3 Linsen (6 Flächen) alle mit n1 = 1 beidseitig und

n2 = 1.52, $\varepsilon \approx 0^0$:

$$\boldsymbol{T \approx (1 - 0.0426)^6 \approx 0.77} \qquad (77\%)$$

Das heißt, 77% der eingegangenen Strahlungsleistung wären nach dem Durchgang durch die drei Linsen noch vorhanden.

Z. B. eine Folge von 5 Linsen alle mit n1 = 1 beidseitig, 3 davon mit n = 1.52 und zwei mit n = 1.84, $\varepsilon \approx 0^0$:

$$T \approx (1 - 0.0426)^6 \cdot (1 - 0.0875)^4 \approx 0.53 \qquad (53\%)$$

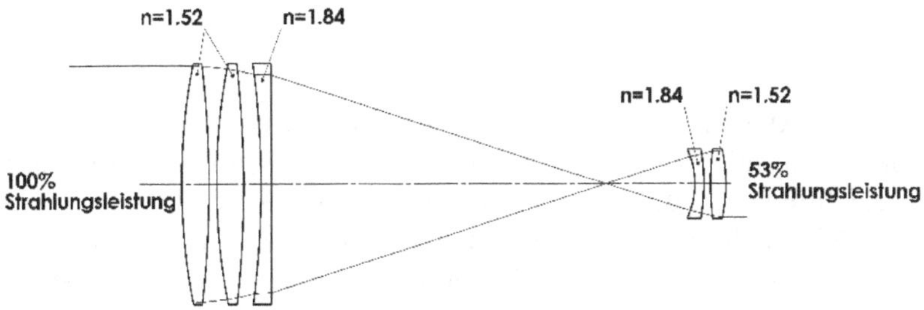

Das heißt, fast die Hälfte der eingegangenen Strahlungsleistung wäre verloren.

Es ist natürlich so, dass bei einem Linsensystem der eingehende Strahl in der Regel nicht parallel zur Flächennormalen ist, d. h. $\varepsilon \neq 0^0$ und der Einfallswinkel sich außerdem mit dem Abstand zur optischen Achse ändert. Für eine genaue Rechnung der Reflexionsverluste muss man das berücksichtigen. In vielen Fällen jedoch ist die Annahme der Reflexion für $\varepsilon = 0^0$ genau genug.

Die Fresnelsche Reflexion führt also in erster Linie zu einer Reduzierung der eingehenden Strahlungsleistung nach dem Durchgang durch optisch transparente Materialien.

Darüber hinaus können diese Reflexionen aber auch ein recht unangenehmes Eigenleben entwickeln und durch Mehrfachreflexionen z. B. Geisterbilder erzeugen.

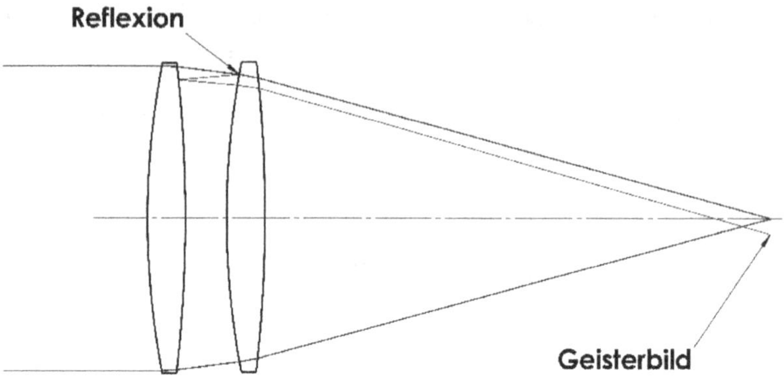

Die Reflexionen an Flächen lassen sich durch das Auftragen reflexmindernder Schichten reduzieren. Dieses wird im Kapitel 'Optische Beschichtungen, Filter' [3.17] genauer erklärt. Zusätzlich kann man Geisterbilder durch eine Reihe verschiedener Maßnahmen vermeiden, z.B. Blenden, Filter oder in der optischen Rechnung schon berücksichtigen, dass Reflexionen sich weit weg von der Bildebene abbilden.

Literaturhinweise

Smith, Warren J.: Modern Optical Engineering. New York (McGraw-Hill) 2000.

Macleod, H Angus: Thin-Film Optical Filters. London (IOP) 2001.

Firma Schott: Optisches Glas. Katalog 2009.

3.6 Polarisation

Licht enthält elektromagnetische Wellen, die senkrecht zur Ausbreitungsrichtung schwingen. Die Richtung der Schwingung kann in jeder beliebigen Ebene sein, d. h. es handelt sich um unpolarisiertes Licht. Wenn aber die elektromagnetische Wellen alle in einer Ebene schwingen, handelt es sich um polarisiertes Licht.

Unpolarisiertes Licht

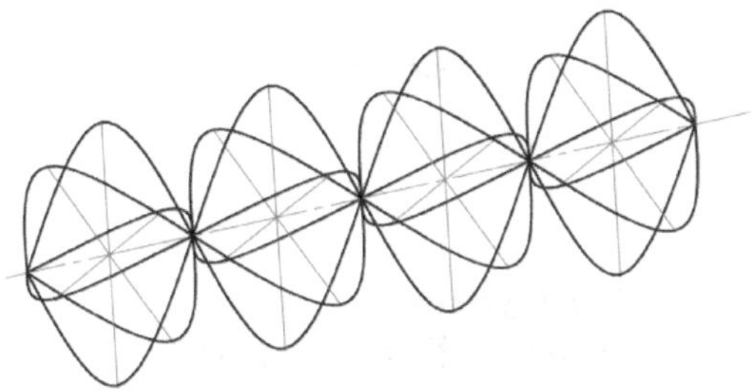

Linearpolarisiertes Licht

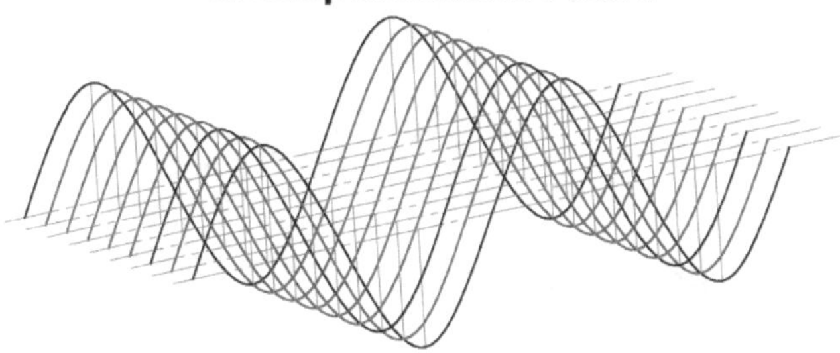

Es gibt verschiedene Methoden, polarisiertes Licht zu erzeugen.

Doppelbrechende Kristalle, z. B. Kalkspat, eignen sich sehr gut, um einen hohen Polarisationsfaktor zu erreichen. Diese Materialien haben unterschiedliche Brechzahlen für verschiedene Ebenen. Nur in der Kristallachse ist die Brechzahl in jeder Ebene gleich.

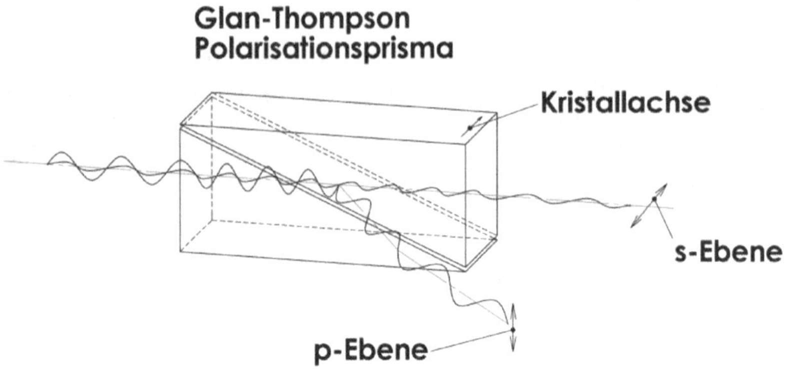

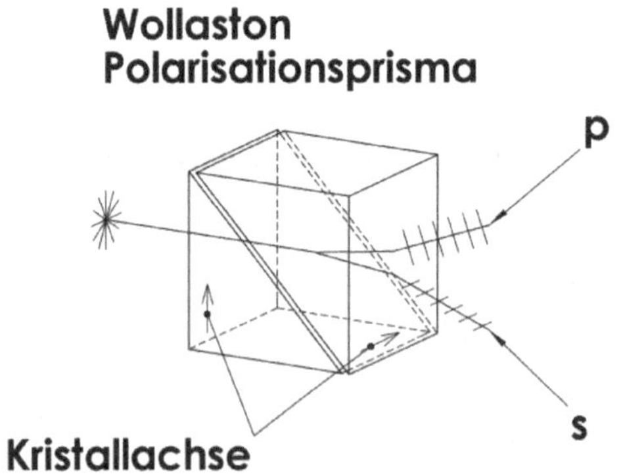

Es gibt natürlich noch andere Prismenanordnungen aus doppelbrechenden Kristallen, um unpolarisiertes Licht zu polarisieren. Doppelbrechende Kristalle sind geeignet, um auch Laser höherer Leistung zu polarisieren.

Eine weitere Möglichkeit, um polarisiertes Licht zu bekommen, sind Polarisationsfolien. Sie werden heute größtenteils aus speziellen Kunststoffen gefertigt und sind recht preisgünstig.

Polarisation von Licht findet auch bei der Fresnelschen Reflexion statt.

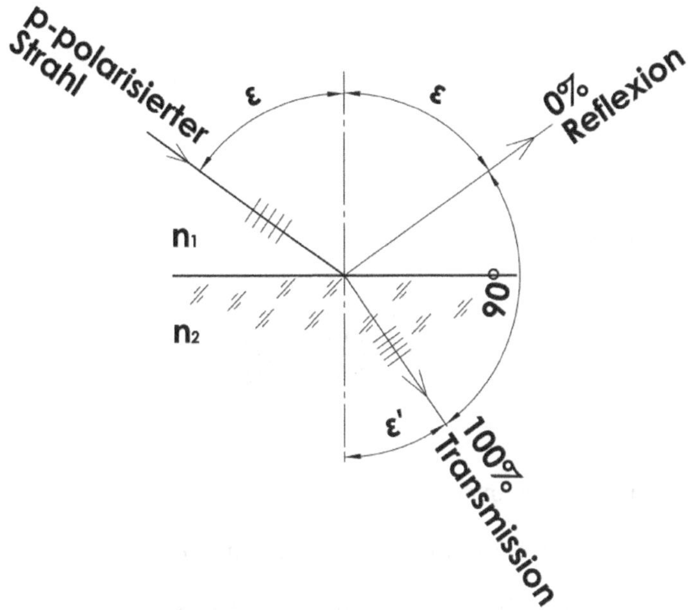

Wenn unpolarisiertes Licht unter dem Winkel ε auf eine Fläche trifft, z. B. von Luft auf Glas, wird ein Teil der Strahlung reflektiert und ein Teil wird die Fläche durchdringen und durch das höherbrechende Glas durchgehen. Dieser Vorgang ist im vorherigen Abschnitt schon beschrieben.

Wenn man jedoch genauer hinsieht, wird man feststellen, dass die Reflexion bzw. die Transmission für verschiedene Schwingungsebenen unterschiedlich ist.

Die Berechnung der Reflexion nach Fresnel ist im vorherigen Abschnitt schon beschrieben:

$$R = \frac{1}{2} \cdot \left[\left(\frac{\sin(\varepsilon - \varepsilon')}{\sin(\varepsilon + \varepsilon')} \right)^2 + \left(\frac{\tan(\varepsilon - \varepsilon')}{\tan(\varepsilon + \varepsilon')} \right)^2 \right]$$

Dabei ist

$$R_s = \left(\frac{\sin(\varepsilon - \varepsilon')}{\sin(\varepsilon + \varepsilon')}\right)^2$$

der reflektierte Anteil in der s-Ebene und

$$R_p = \left(\frac{\tan(\varepsilon - \varepsilon')}{\tan(\varepsilon + \varepsilon')}\right)^2$$

der reflektierte Anteil in der p-

Für den Fall, dass ε + ε' = 90° ist und somit tan 90° = ∞, wird

R_p = 0 und der Winkel ε_B für diesen Fall ist

$$\varepsilon_B = \tan^{-1}\frac{n_2}{n_1}$$

Dieser Winkel heißt der **Brewster-Winkel**.

Z.B. fuer n1 = 1 und n2 = 1.52 (BK7) ist der Brewster-Winkel

$$\varepsilon_B = \tan^{-1}\frac{1.52}{1} = 56.66°$$

für diesen Winkel ist R_p = 0 und mit ε' = 33.34° ist

$$R_s = \left(\frac{\sin(56.66 - 33.34)}{\sin(56.66 + 33.34)}\right)^2 = 0.157 \quad (15.7\%)$$

Dieses würde bedeuten, dass das Licht nach dem Durchgang durch die erste Fläche eine um 15.7% geringere Intensität in der s-Ebene hätte wie in der p-Ebene. Das Licht wäre dann bis zu einem gewissen Grad polarisiert.

<u>*Literaturhinweise*</u>

Firma Schott: Optisches Glas. Katalog 2009.

Macleod, H Angus: Thin-Film Optical Filters. London (IOP) 2001.

Goldstein, Dennis: Polarized Light. New York 2003.

3.7 Beugung

Um Beugung von Licht zu beschreiben, muss man die Welleneigenschaft der elektromagnetischen Strahlung betrachten sowie die Begriffe Kohärenz, Interferenz und kugelförmige Elementarwellen kennen.

Kohärentes Licht zeichnet sich durch eine gemeinsame Wellenfront aus.

Kohärentes Licht

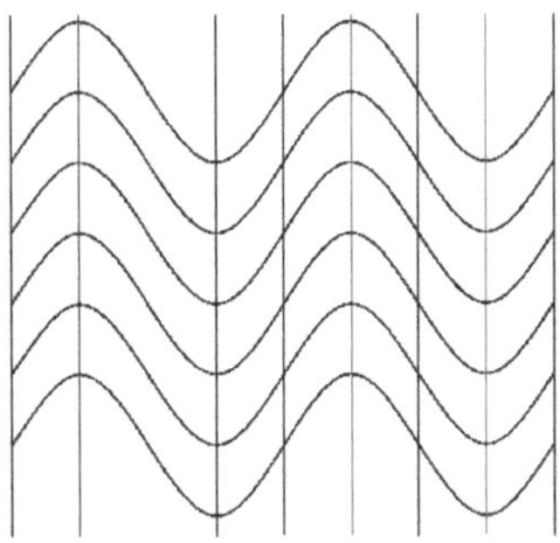

Inkohärentes Licht

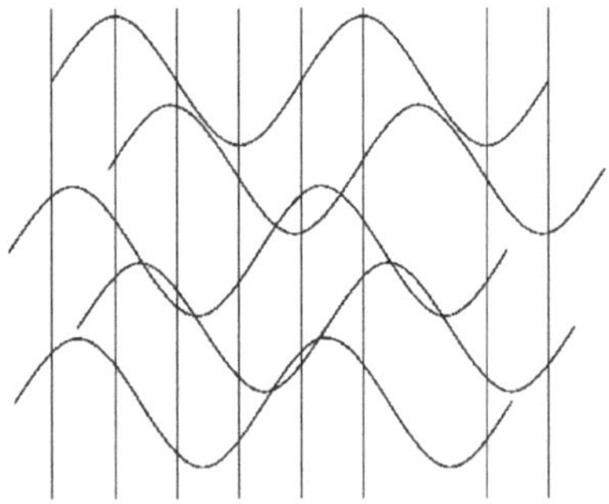

Interferenz entsteht durch die Phasenlage von elektromagnetischen Wellen zueinander, d.h. diese können sich addieren oder aber auch auslöschen wenn sie die gleiche Wellenlaenge und eine gemeinsame Polarisationsrichtung haben.

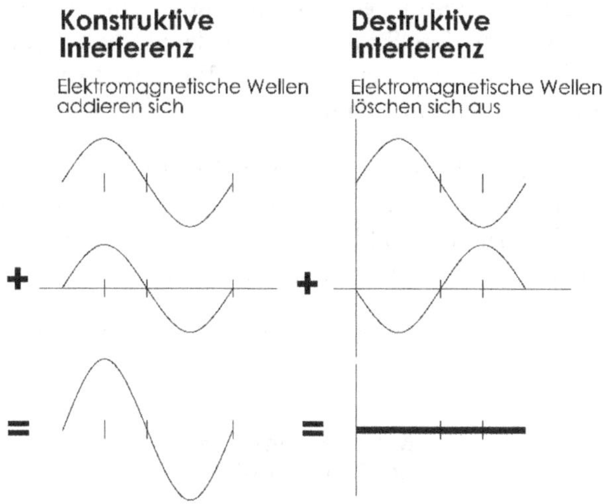

Kugelförmige Elementarwellen lassen sich mit dem Huygens'schen Prinzip über die Entstehung von Wellenfronten erklären. Dieses Prinzip besagt, dass an jedem Punkt einer Wellenfront neue Elementarwellen entstehen, die sich kugelförmig ausbreiten. Bedeutet dies, dass z. B. ein gerichteter Laserstrahl nun plötzlich nicht mehr gerichtet ist, da die Elementarwellen in alle Richtungen strahlen? Nein, tut es so nicht. Die Elementarwellen interferieren miteinander und bilden eine neue Wellenfront mit derselben gerichteten Ausbreitungsrichtung.

Huygens'sche kugelförmige Elementarwellen

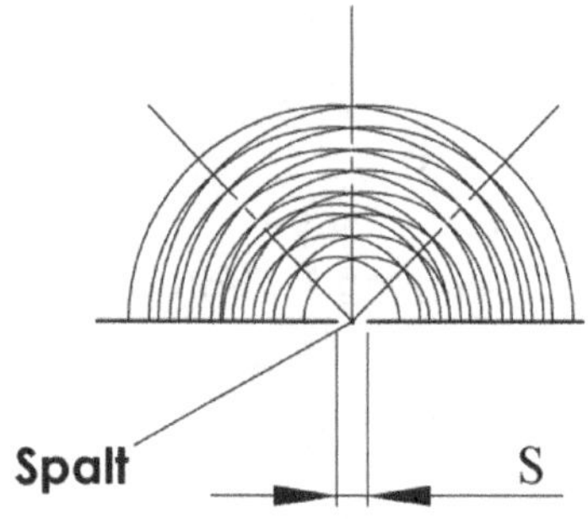

Wenn aber die Wellenfront gestört wird durch eine Kante oder durch einen Spalt, der in den Strahlengang gelangt, dann kommt es zur Beugung, d. h. ein Teil des Lichts wird den Wellenzug verlassen und eine neue Ausbreitungsrichtung nehmen.

Ein Teil der Elementarwellen, die eine Richtungsänderung und eine Phasenverschiebung von n · λ (n=1.5, 2.5, 3.5, ...) relativ zu einer Elementarwelle erfahren, bilden konstruktive Interferenz, d. h. Licht dringt auch in den geometrischen Schattenraum ein.

Ist n=1, 2, 3, ... , dann bilden die Elementarwellen destruktive Interferenz.

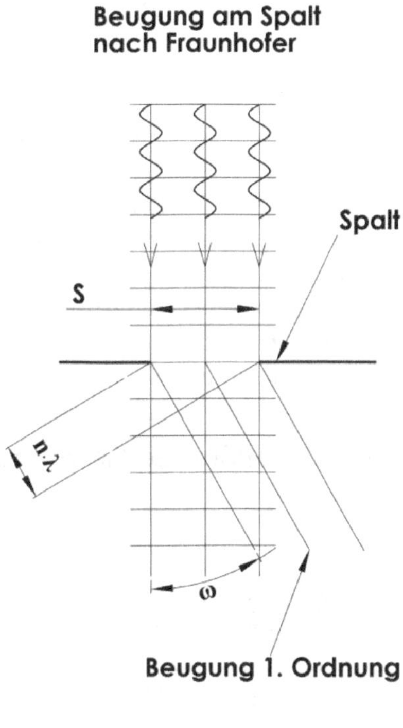

Der Beugungswinkel [ω] rechnet sich als:

$$\sin \omega = \frac{n \cdot \lambda}{s}$$

Die Intensitätsverteilung eines Strahlenganges nach einem Spalt sieht folgendermaßen aus:

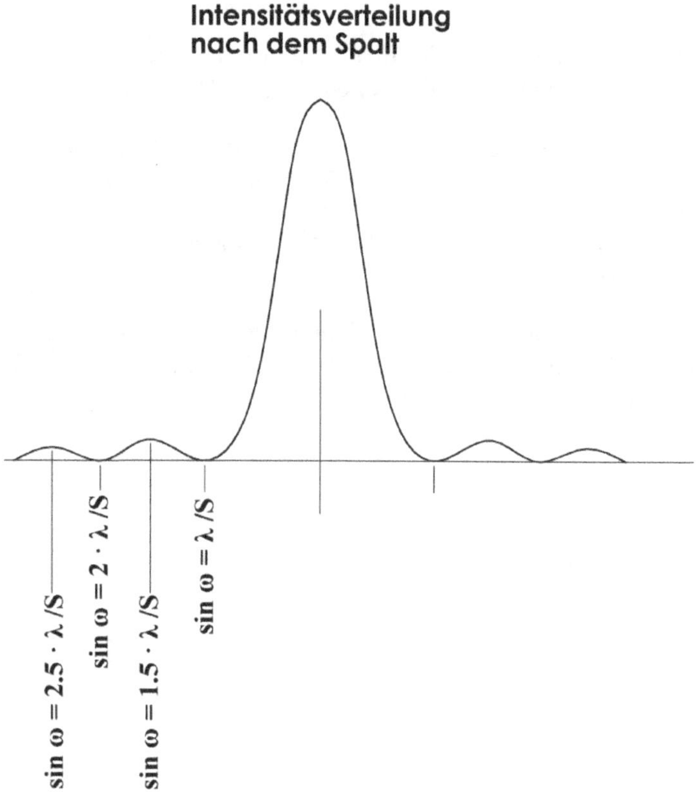

Beispiel:

Bei einer angenommenen Spaltbreite von 0.002 mm und einer Wellenlänge von 0.633 µm wären die Beugungswinkel:

$$\omega = \sin^{-1}\frac{n \cdot \lambda}{S} = \sin^{-1}\frac{1.5 \cdot 0.633}{2} = 28.3°$$

Und für die Beugung 2. Ordnung ist:

$$\omega = \sin^{-1} \frac{n \cdot \lambda}{s} = \sin^{-1} \frac{2.5 \cdot 0.633}{2} = 52.3°$$

Es gibt noch die Beugung im divergenten bzw. konvergenten Strahlengang (Fresnelsche Beugung), die Beugung am Doppelspalt usw.

In entsprechender Fachliteratur werden diese ausführlich behandelt. Für uns genügt es, erst einmal die Funktionsweise der Beugung zu verstehen.

Die Beugung an einer kreisrunden Öffnung jedoch, die wollen wir uns später etwas genauer ansehen.

Sie ist insofern von wesentlicher Bedeutung, da nun einmal die meisten optischen Systeme kreisrund sind und das Beugungsbild die Auflösungsgrenze optischer Systeme bestimmt.

Literaturhinweise

Smith, Warren J.: Modern Optical Engineering. New York (McGraw-Hill) 2000.

3.8 Linsen

Die wohl bekanntesten und am verbreitetsten optischen Bauteile sind die Linsen. Linsen bestehen aus einem optisch transparenten und brechenden Material mit der Aufgabe, den optischen Strahlengang zu konditionieren.

Einige typische Linsenformen sind:

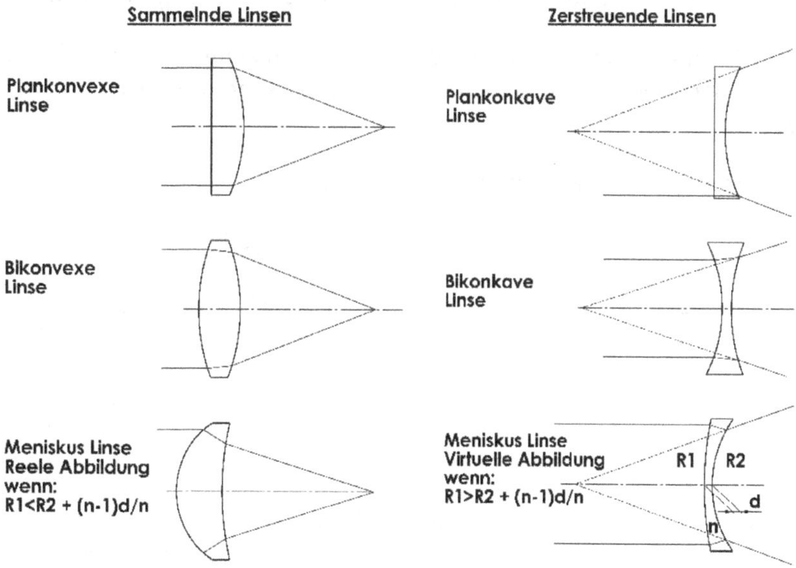

Es gibt auch noch andere Formen von Linsen, wie z. B. Zylinderlinsen, Fresnellinsen oder asphärische Linsen.

Positive Linsen, d. h. sammelnde Linsen, haben eine reelle Bildebene, d.h. einen reellen Fokus.

Negative Linsen, d. h. zerstreuende Linsen, haben eine virtuelle Bildebene, d. h. die parallel einfallenden Strahlen werden nicht fokussiert.

Eine optische Linse ist durch Eigenschaften und Größen definiert, die nicht veränderbar sind, unabhängig davon, wie der eingehende Strahlengang beschaffen ist. Diese sind:

1. **Brennweite (f).**
2. **Brechungsindex (n) und Dispersionseigenschaften (ν_e).**
3. **Durchmesser (ø), Dicke (d), Radien (R).**

Die Brennweite einer Linse ist nur bedingt konstant, eine Linse im umgebenden Medium Luft hat eine andere Brennweite wie die gleiche Linse z. B. im Wasser.

Die wichtigsten Kardinalpunkte einer Linse sind:

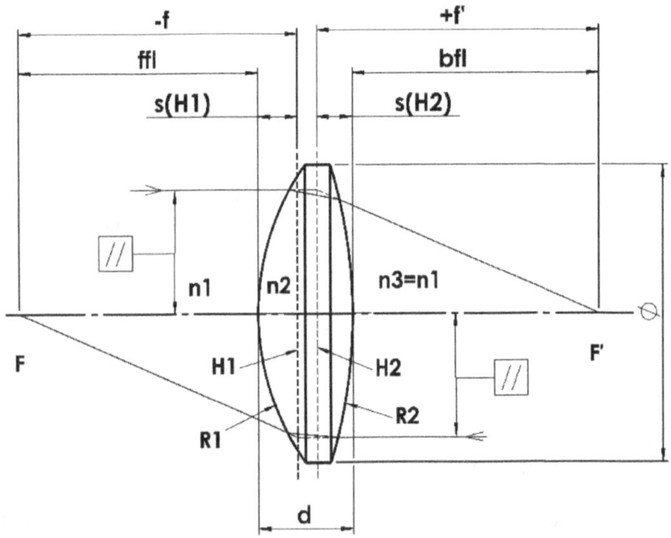

Die Hauptebenen einer Linse markieren die Schnittpunkte der einfallenden Strahlen mit den austretenden Strahlen. Die Entfernung von der Hauptebene [H] bis zur Brennebene [F] ist die Brennweite [f] der Linse.

Die Brennweite einer Linse gilt immer nur, wenn der eingehende Strahlengang parallel zur optischen Achse ist, d. h. das Objekt sich im Unendlichen befindet.

Wenn $n_1 = n_3$ ist, dann ist $|f| = |f'|$. Die Brennweite der Linse ist gleich, unabhängig davon, von welcher Seite man die Linse betreibt. In der Regel wird die Brennweite für $n_1 = n_3 = 1$ angegeben, d. h. Linse im Medium Luft. Dann ist da noch die Entfernung vom Scheitelpunkt der Linsenfläche zum Brennpunkt, ffl (aus dem Engl. front focal length) oder bfl (aus dem Engl. back focal length).

Prima, dann kann man ja nichts falsch machen, wenn man die Linse verkehrt herum einbaut, die Brennweite wird sich ja nicht ändern. Vorsicht, das geht nur bei einer symmetrischen Linse, wenn $R_1 = -R_2$ ist. Unsymmetrische Linsen haben unterschiedliche Aberrationen, d.h. Abbildungsfehler, je nachdem, von welcher Seite man sie betreibt.

Meniskus-Linse

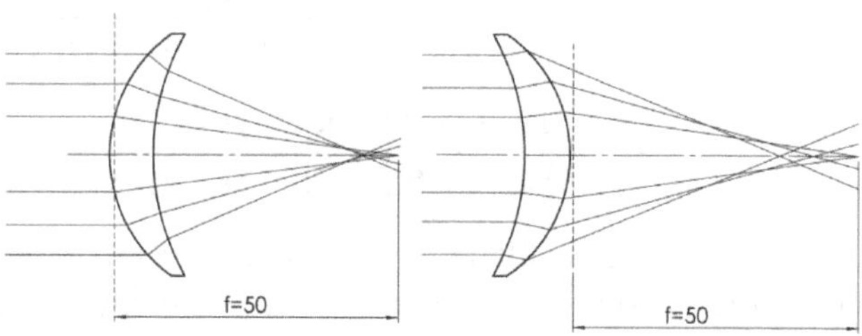

Plankonvexe Linse

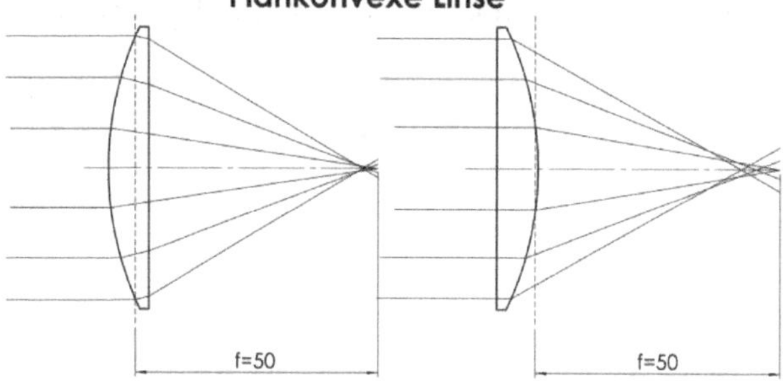

Die Brennweite einer Linse im beidseitigen Medium Luft lässt sich bei bekannten Größen R_1, R_2, d, n_2, n_1 (n_1=n_3 = 1) rechnen als:

$$f' = -f = \frac{n_2 \cdot R_1 \cdot R_2}{(n_2 - 1) \cdot [n_2 \cdot (R_2 - R_1) + d \cdot (n_2 - 1)]}$$

Bei dünnen Linsen (d≈0) lässt sich dieses vereinfachen zu:

$$f' = -f = \frac{R_1 \cdot R_2}{(n_2 - 1) \cdot (R_2 - R_1)}$$

Die Abstände von den Brennpunkten zu den Scheitelflächen sind:

$$bfl = \frac{[n_2 \cdot R_1 - d \cdot (n_2 - 1)] \cdot R_2}{(n_2 - 1) \cdot [n_2 \cdot (R_2 - R_1) + d \cdot (n_2 - 1)]}$$

$$bfl = \frac{[d \cdot (n_2 - 1) - n_2 \cdot R_2] \cdot R_1}{(n_2 - 1) \cdot [n_2 \cdot (R_2 - R_1) + d \cdot (n_2 - 1)]}$$

Doch welche Linsenform soll man verwenden, wenn man mit einer Einzel-linse die geringstmöglichen Abbildungsfehler haben will, plankonvex, bikonvex oder gar die Meniskus-Linse?

Verschiedene Linsenformen und deren Abbildungsfehler (n=1.52)

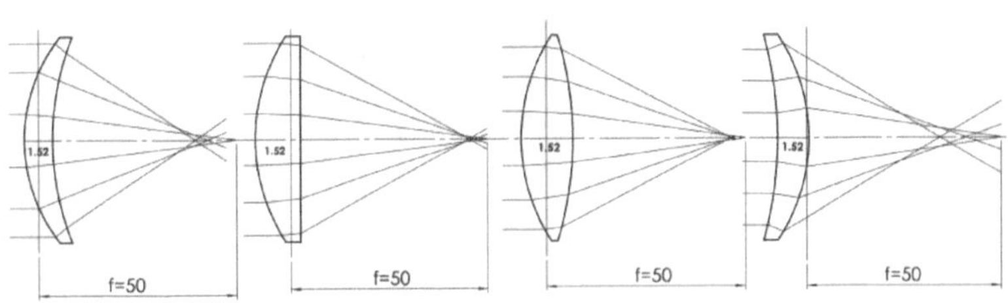

Dies hängt von zwei Größen ab, erstens vom Brechungsindex (n_2) und zweitens von der Entfernung des Objekts zu der Linse (a).

Eine dünne Linse (Brennweite [f]) bester Form rechnet sich als:

$$R_1 = \frac{2 \cdot n_2 + 4}{\frac{2 \cdot (n_2)^2 + n_2}{f \cdot (n_2 - 1)} + \frac{4 \cdot n_2 + 4}{a}}$$

$$R_2 = \frac{-R_1 \cdot (n_2 - 1)}{\frac{R_1}{f} - (n_2 - 1)}$$

Für den Sonderfall, wenn das Objekt sehr weit entfernt ist und der optische Strahl praktisch parallel zu der optischen Symmetrieachse verläuft, d.h. $a = \infty$, gilt :

$$R_1 = \frac{2 \cdot (n_2)^2 + 2 \cdot n_2 - 4}{2 \cdot (n_2)^2 + n_2} \cdot f$$

Dies ist dann eine Linse bester Form, d.h. mit den geringsten sphärischen Aberrationen bzw. Öffnungsfehlern. Die Dicke (d) der Linse wird in dieser Rechnung vernachlässigt.

Beispiel :

Gesucht ist eine Linse bester Form für parallel zur optischen Achse einfallende Strahlen. Gegeben ist:

n = 1.52
f = 100
a = ∞

$$R_1 = \frac{2 \cdot (n_2)^2 + 2 \cdot n_2 - 4}{2 \cdot (n_2)^2 + n_2} \cdot f = \frac{2 \cdot 1.52^2 + 2 \cdot 1.52 - 4}{2 \cdot 1.52^2 + 1.52} \cdot 100 = 59.6$$

$$R_2 = \frac{-R_1 \cdot (n_2 - 1)}{\frac{R_1}{f} - (n_2 - 1)} = \frac{-59.6 \cdot (1.52 - 1)}{\frac{59.6}{100} - (1.52 - 1)} = -407.8$$

In diesem Beispiel wurde für den kleinsten Öffnungsfehler eine bikonvexe Linse gefunden.

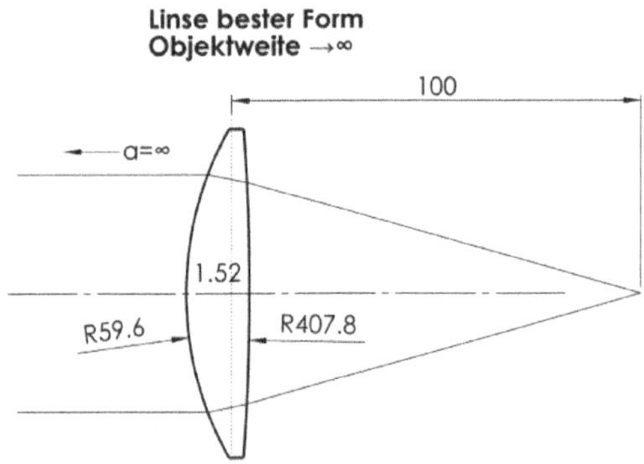

Beispiel :

n = 1.52
f = 100
a = -200

$$R_1 = \frac{2 \cdot n_2 + 4}{\frac{2 \cdot (n_2)^2 + n_2}{f \cdot (n_2 - 1)} + \frac{4 \cdot n_2 + 4}{a}} = \frac{2 \cdot 1.52 + 4}{\frac{2 \cdot 1.52^2 + 1.52}{100 \cdot (1.52 - 1)} + \frac{4 \cdot 1.52 + 4}{-200}} = 104$$

$$R_2 = \frac{-R_1 \cdot (n_2 - 1)}{\frac{R_1}{f} - (n_2 - 1)} = \frac{-104 \cdot (1.52 - 1)}{\frac{104}{100} - (1.52 - 1)} = -104$$

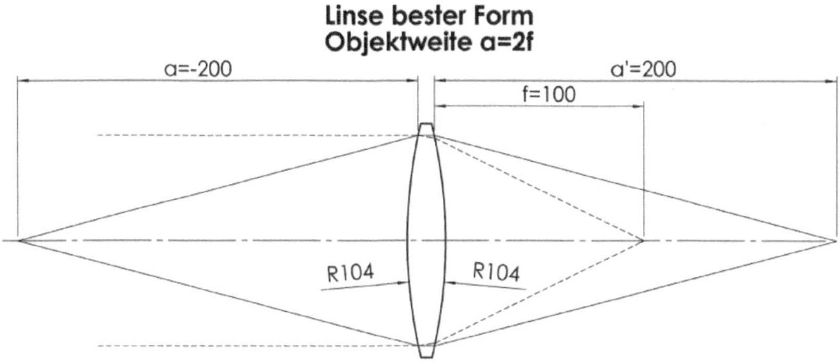

Für den Fall, dass der Objektabstand (a) dem Betrag nach die doppelte Brennweite (f) ist, wird die Bildweite (a') dem Betrag nach gleich dem Objektabstand (a), d.h. es ist eine 1:1 Abbildung und die Linse bester Form ist symmetrisch, $R_1 = -R_2$.

Das Wissen um die Linsen bester Form ist sehr hilfreich, wenn man Linsen aus Katalogen verwendet und verschiedene davon zusammensetzen muss, um eine Aufgabenstellung zu erfüllen.

So, was läßt sich noch an einzelnen Linsen berechnen? Von Interesse sind sicherlich die Abbildungsfehler, doch davon etwas später.

Die vorhergegangenen Rechnungen basieren, wie schon erwähnt, auf der Annahme, dass $n_1 = n_3 = 1$ ist, was erfahrungsgemäß auch in der Mehrzahl der Anwendungen zutrifft.

Der Vollständigkeit halber ist hier auch die Brennweitenberechnung gegeben, für den Fall, daß $n_1 \neq n_3$ ist :

$$f' = \frac{n_2 \cdot n_3 \cdot R_1 \cdot R_2}{n_2 \cdot R_2 \cdot (n_2 - n_1) - (n_2 - n_3) \cdot (n_2 \cdot R_1 - d \cdot (n_2 - n_1))}$$

$$f = -f' \cdot \frac{n_1}{n_3}$$

Literaturhinweise

Smith, Warren J.: Modern Optical Engineering. New York (McGraw-Hill) 2000.

Kingslake, Rudolf: Lens Design Fundamentals. San Diego (AP) 1978.

3.9 Abbildungsmaßstab, Strahlengang, paraxiale Optik

Der Strahlengang beginnend beim Objekt, durch die Optik bis hin zur Bildebene bzw. Sensorik ist bestimmt durch:

- **Größe des Objekts (y).**
- **Abstand vom Objekt zur Optik (a).**
- **Kardinalgrößen der Optik wie Brennweite, Durchmesser, Dicke, Brechungsindex.**

Mit diesen Größen lassen sich der Abbildungsmaßstab, der genaue geometrische Verlauf des Strahlenganges und die Abbildungsfehler in der Bildebene bestimmen.

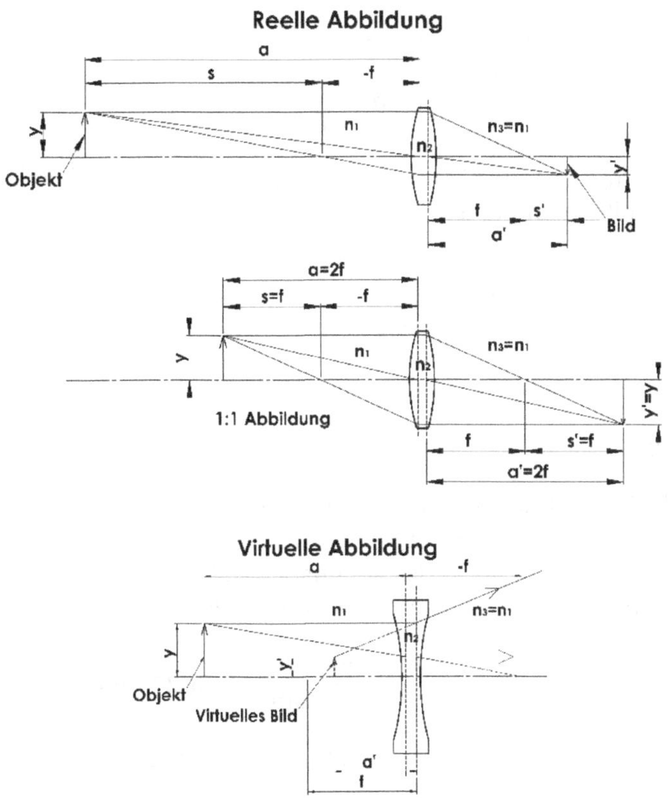

Der Abbildungsmaßstab für eine Linse in beidseitig gleichem Medium ist:

$$\frac{y}{y'} = \frac{a'}{a}$$

Die Objekt- und Bildweiten sind:

$$a = \frac{a' \cdot f}{f - a'}$$

$$a' = \frac{a \cdot f}{f + a}$$

Aus diesen Zusammenhängen kann man den Fokussierbereich einer Optik ermitteln, dieser ist:

$$s' = a' - f$$

Beispiel:

Ein Objektiv mit der Brennweite von f=70 mm soll von unendlich entfernten Objekten auf Objekte bis zu a=1 Meter Distanz fokussierbar sein. Für die Fokussierung soll das gesamte Objekt verschoben werden. Die Verschiebung für den gesamten Fokussierbereich ist:

$$a' = \frac{a \cdot f}{f + a} = \frac{-1000 \cdot 70}{70 + (-1000)} = 75.27\ mm$$

$$s' = a' - f = 75.27 - 70 = 5.27\ mm$$

Ob man nun das Objektiv für die Fokussierung verschiebt oder aber z. B. den Sensor in der Bildebene, ist eine konstruktive Entscheidung und hat als solche mit der Rechnung des Fokussierbereiches nichts zu tun. Wenn aber für die Fokussierung nicht das gesamte Objektiv verschoben wird, sondern nur ein Teil davon, z. B. die Frontlinse, dann muss man den Fokussierweg [s'] mit der Brennweite dieser Linse oder Optikeinheit rechnen.

Der Strahlengang durch eine Linse lässt sich in erster Näherung mit dem Modell des paraxialen Raumes rechnen. Dieser kennzeichnet sich durch folgende Annahmen:

- Der paraxiale Raum ist der Bereich, der sehr nah an der optischen Achse liegt, die auch die Symmetrieachse ist.

- Die Winkelfunktionen werden einfach ignoriert, d.h. man setzt als Näherung $sin\,(u) = u$, wenn man das Brechungsgesetz anwendet. Beispiel:

  $$\boldsymbol{sin\,u_2 = \frac{sin\,u_1}{n_2}}$$

  z.B. für $u_1=5°$ und $n_2 = 1.515$ wäre der exakte Wert:

  $$\boldsymbol{u_2 = sin^{-1}\frac{sin\,5°}{1.515} = 3.298°}$$

  Nun die gleiche Rechnung, aber mit $sin\,(u) = u$

  $$\boldsymbol{u_2 = \frac{u_1}{n_2} = \frac{5}{1.515} = 3.3°}$$

  Wie man sieht, ist in beiden Fällen der Winkel u_2 nahezu identisch.

- Abbildungsfehler werden nicht berücksichtigt.

Als Beispiel nehmen wir eine Linse und rechnen den Strahlengang und dessen Lage zu der optischen Achse durch. Man sollte die Optik in ein Koordinatensystem mit definiertem Nullpunkt legen, damit die Vorzeichen richtig eingegeben werden.

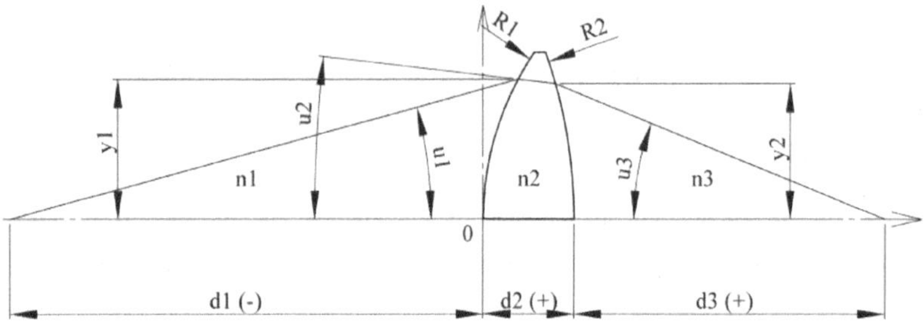

Es empfiehlt sich, dies systematisch in Form einer Tabelle zu machen. Die fett gedruckten Werte sind gegeben.

		Fläche 1		Fläche 2	
R		**R1**		**R2**	
d	**d1**		**d2**		d3
n	**n1**		**n2**		**n3**
y		**y1**		y2	
u	u1		u2		u3

Nun benötigen wir auch noch einige Formeln :

$$u_1 = \frac{y_1}{d_1}$$

Unter Umständen kann auch der Einfallswinkel u_1 und die Strahlhöhe an der Linse y_1 gegeben sein, dann muss man aus diesen Größen den Wert von d_1 ausrechnen.

$$u_2 = \frac{y_1 \cdot (n_2 - n_1)}{R_1 \cdot n_2} + \frac{n_1 \cdot u_1}{n_2} \qquad [rad]$$

$$y_2 = y_1 - d_2 \cdot u_2$$

$$u_3 = \frac{y_2 \cdot (n_3 - n_2)}{R_2 \cdot n_3} + \frac{n_2 \cdot u_2}{n_3} \qquad [rad]$$

$$d_3 = \frac{y_2}{u_3}$$

Die Daten in den grauen Feldern müssen bekannt sein, denn wenn man die Linse nicht kennt, kann man auch nichts rechnen.

Der allgemeine Ausdruck der Formeln für beliebig viele Flächenfolgen [z] ist:

$$u_z = \frac{y_{z-1} \cdot (n_z - n_{z-1})}{R_{z-1} \cdot n_z} + \frac{n_{z-1} \cdot u_{z-1}}{n_z} \qquad [rad]$$

$$y_z = y_{z-1} - d_z \cdot u_z$$

Ein Radiant ist: $1\, rad = \frac{180°}{\pi} = 57.296°$

Beispiel: Einzellinse bikonvex

		Fläche 1		Fläche 2	
R		R1=50		R2=-70	
d	d1=∞		d2=20		d3=51.861
n	n1=1		n2=1.515		n3=1
y		y1=25		y2=21.6	
u	u1=0		u2=0.17		u3=0.4165

$$u_1 = \frac{y_1}{d_1} = \frac{25}{\infty} = 0$$

$$u_2 = \frac{y_1 \cdot (n_2 - n_1)}{R_1 \cdot n_2} + \frac{n_1 \cdot u_1}{n_2} = \frac{25 \cdot (1.515 - 1)}{50 \cdot 1.515} = 0.17$$

$$y_2 = y_1 - d_2 \cdot u_2 = 25 - 20 \cdot 0.17 = 21.6$$

$$u_3 = \frac{y_2 \cdot (n_3 - n_2)}{R_2 \cdot n_3} + \frac{n_2 \cdot u_2}{n_3} = \frac{21.6 \cdot (1 - 1.515)}{-70} + 1.515 \cdot 0.17 = 0.4165$$

$$d_3 = \frac{y_2}{u_3} = \frac{21.6}{0.4165} = 51.861$$

Da $u_1 = 0$ ist, d.h. der einfallende Strahlengang verläuft parallel zur optischen Achse, kann man auch die Brennweite ausrechnen mit:

$$f = \frac{y_1}{u_3} = \frac{25}{0.4165} = 60$$

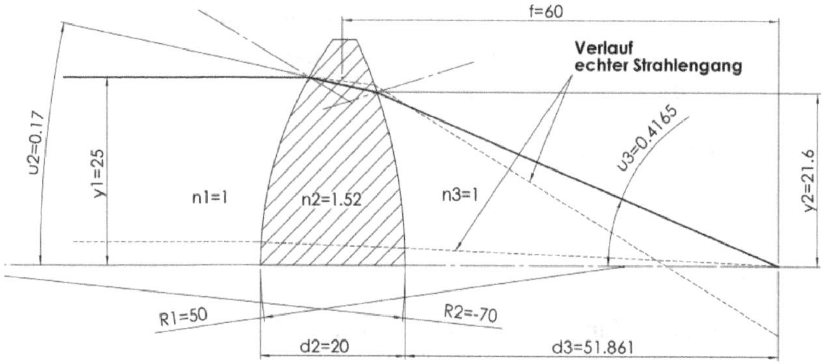

Der echte Strahlengang trifft die optische Achse schon deutlich früher, und nur im achsnahen Bereich trifft der Strahlengang die optische Achse in der Entfernung vom Scheitel d3.

Dieser Abbildungsfehler ist in diesem Fall die sphärische Aberration.

Der mit der Näherung der paraxialen Rechnung ermittelte Strahlengang weicht doch erheblich vom tatsächlichen Strahlengang ab. Die einzige vernünftige Größe, die ermittelt wurde, ist die Brennweite (f), und die hätte sich auch mit der Formel zur Brennweitenberechnung bestimmen lassen.

Wozu also das Ganze? Man muss sehen, dass die Linse im vorherigen Beispiel hohe Abbildungsfehler hat, nicht zuletzt, da das Brennweiten - Durchmesser -Vehältnis mit,

$$\boldsymbol{FNO} = \frac{\boldsymbol{f}}{\mathbf{2} \cdot \boldsymbol{y_1}} = \frac{\mathbf{60}}{\mathbf{2} \cdot \mathbf{25}} = \mathbf{1.2}$$

doch recht klein ist. Über Sinn oder Unsinn der paraxialen Rechnung in einem solchen Fall, d. h., wenn hohe Abbildungsfehler zu erwarten sind, kann man natürlich diskutieren.

Wenn aber geringe Abbildungsfehler zu erwarten sind, z. B. f# > 3, oder ein korrigiertes optisches System vorliegt, dann ist die paraxiale Rechnung recht genau.

Es lassen sich so auch beliebig viele Flächenfolgen durchrechnen.

Beispiel:

Objektiv mit zwei Linsen, chromatisch korrigiert

		Fläche 1		Fläche 2		Fläche 3		Fläche 4	
R		R1=51.1		R2=-75.85		R3=-45.18		R4=-91.23	
d	d1=∞		d2=12		d3=10		d4=4		d5=76.175
n	n1=1		n2=1.515		n3=1		n4=1.76		n5=1
y		y1=20		y2=18.404		y3=15.139		y4=14.976	
u	u1=0		u2=0.133		u3=0.3265		u4=0.04082		u5=0.1966
f									f=101.73

$$u_1 = \frac{y_1}{d_1} = \frac{20}{\infty} = 0$$

$$u_2 = \frac{y_1 \cdot (n_2 - n_1)}{R_1 \cdot n_2} + \frac{n_1 \cdot u_1}{n_2} = \frac{20 \cdot (1.515 - 1)}{51.1 \cdot 1.515} = 0.133$$

$$y_2 = y_1 - d_2 \cdot u_2 = 20 - 12 \cdot 0.133 = 18.404$$

$$u_3 = \frac{y_2 \cdot (n_3 - n_2)}{R_2 \cdot n_3} + \frac{n_2 \cdot u_2}{n_3} = \frac{18.404 \cdot (1 - 1.515)}{-75.85} + 1.515 \cdot 0.133 = 0.3265$$

$$y_3 = y_2 - d_3 \cdot u_3 = 18.404 - 10 \cdot 0.3265 = 15.139$$

$$u_4 = \frac{y_3 \cdot (n_4 - n_3)}{R_3 \cdot n_4} + \frac{n_3 \cdot u_3}{n_4} = \frac{15.139 \cdot (1.76 - 1)}{-45.18 \cdot 1.76} + \frac{0.3265}{1.76} = 0.04082$$

$$y_4 = y_3 - d_4 \cdot u_4 = 15.139 - 4 \cdot 0.04082 = 14.976$$

$$u_5 = \frac{y_4 \cdot (n_5 - n_4)}{R_4 \cdot n_5} + \frac{n_4 \cdot u_4}{n_5} = \frac{14.976 \cdot (1 - 1.76)}{-91.23} + 1.76 \cdot 0.04082$$
$$= 0.1966$$

$$d_5 = \frac{y_4}{u_5} = \frac{14.976}{0.1966} = 76.175$$

Und die Brennweite [f] ist:

$$f = \frac{y_1}{u_5} = \frac{20}{0.1966} = 101.73$$

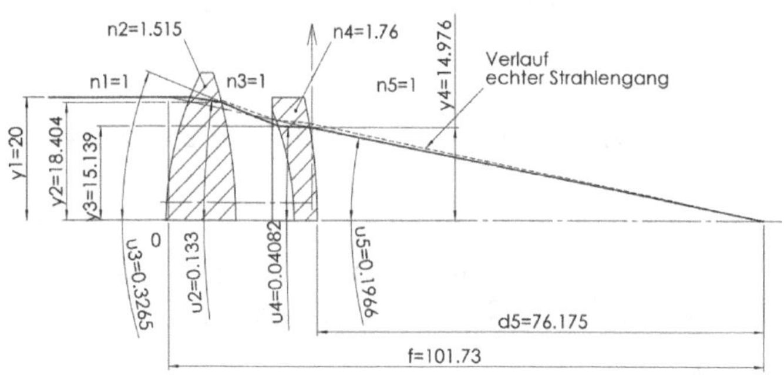

Die paraxiale Rechnung des Strahlenganges ist sinnvoll, wenn man die Brennweite einer Linsenfolge bestimmen will, deren Abbildungsmaßstab für eine bestimmte Objektposition und besonders für Konstrukteure wichtig, den Verlauf des Strahlenganges zu bestimmen, um Abschattungen durch Gehäuse und Blenden zu vermeiden.

Mit Hilfe der paraxialen Rechnung lassen sich genausogut auch Spiegeloptiken durchrechnen. Der Brechungsindex [n] muss mit

negativen Vorzeichen versehen werden, wenn der Abstand [d] negativ wird.

Beispiel:

Spiegelobjektiv mit sphärischen Flächen

		Fläche 1		Fläche 2	
R		R1=-250		R2=-100	
d	d1		d2=-90		d3=116.67
n	n1=1		n2=-1		n3=1
y		y1=30		y2=8.4	
u	u1=0		u2=-0.24		u3=0.072
f					f=416.67

$$u_2 = \frac{y_1 \cdot (n_2 - n_1)}{R_1 \cdot n_2} + \frac{n_1 \cdot u_1}{n_2} = \frac{30 \cdot (-1-1)}{-250 \cdot (-1)} = -.24$$

$$y_2 = y_1 - d_2 \cdot u_2 = 30 - (-90) \cdot (-0.24) = 8.4$$

$$u_3 = \frac{y_2 \cdot (n_3 - n_2)}{R_2 \cdot n_3} + \frac{n_2 \cdot u_2}{n_3} = \frac{8.4 \cdot (1-(-1))}{-100} + (-1) \cdot (-0.24)$$
$$= 0.072$$

$$d_3 = \frac{y_2}{u_3} = \frac{8.4}{0.072} = 116.67$$

$$f = \frac{y_1}{u_3} = \frac{30}{0.072} = 416.67$$

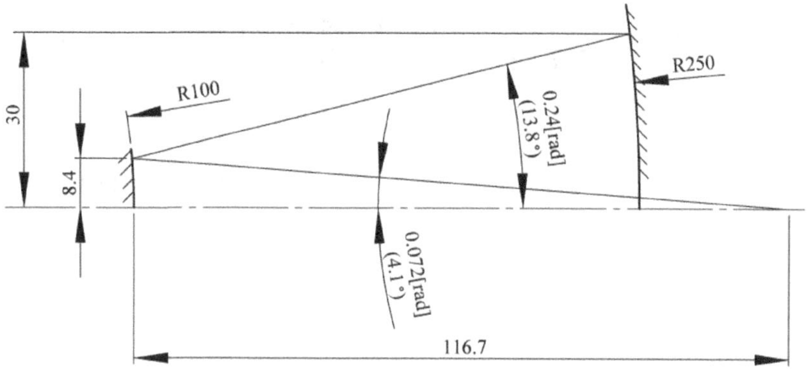

Beispiel:

Spiegellinsenobjektiv

		Fläche 1		Fläche 2		Fläche 3		Fläche 4		Fläche 5		Fläche 6	
R		R1=-168.1		R2=-218		R3=-168.1		R4=-261.3		R5=15.6		R6=12.24	
d	d1=∞		d2=7		d3=-7		d4=-70		d5=40		d6=3		d7=42.84
n	n1=1		n2=1.515		n3=-1.515		n4=-1		n5=1		n6=1.72		n7=1
y		y1=25		y2=25.354		y3=24.08		y4=9.938		y5=4.9		y6=4.286	
u	u1=0		u2=-0.05055		u3=-0.18205		u4=-0.20203		u5=0.12596		u6=0.20472		u7=0.1
f													f=250

$$u_1 = \frac{y_1}{d_1} = \frac{25}{\infty} = 0$$

$$u_2 = \frac{y_1 \cdot (n_2 - n_1)}{R_1 \cdot n_2} + \frac{n_1 \cdot u_1}{n_2} = \frac{25 \cdot (1.515 - 1)}{-168.1 \cdot 1.515} = -0.05055$$

$$y_2 = y_1 - d_2 \cdot u_2 = 25 - 7 \cdot (-0.05055) = 25.354$$

$$u_3 = \frac{y_2 \cdot (n_3 - n_2)}{R_2 \cdot n_3} + \frac{n_2 \cdot u_2}{n_3} =$$

$$= \frac{25.354 \cdot (-1.515 - 1.515)}{-218 \cdot (-1.515)} + \frac{1.515 \cdot (-0.05055)}{-1.515} = -0.18205$$

$$y_3 = y_2 - d_3 \cdot u_3 = 25.354 - (-7) \cdot (-0.18205) = 24.08$$

$$u_4 = \frac{y_3 \cdot (n_4 - n_3)}{R_3 \cdot n_4} + \frac{n_3 \cdot u_3}{n_4} =$$

$$= \frac{24.08 \cdot (-1 - (-1.515))}{-168.1 \cdot (-1)} + \frac{-1.515 \cdot (-0.18205)}{-1} = -0.20203$$

$$y_4 = y_3 - d_4 \cdot u_4 = 24.08 - (-70) \cdot (-0.20203) = 9.938$$

$$u_5 = \frac{y_4 \cdot (n_5 - n_4)}{R_4 \cdot n_5} + \frac{n_4 \cdot u_4}{n_5} = \frac{9.938 \cdot (1 - (-1))}{-261.3} + (-1) \cdot (-0.20203) = 0.12596$$

$$y_5 = y_4 - d_5 \cdot u_5 = 9.938 - 40 \cdot 0.12596 = 4.9$$

$$u_6 = \frac{y_5 \cdot (n_6 - n_5)}{R_5 \cdot n_6} + \frac{n_5 \cdot u_5}{n_6} = \frac{4.9 \cdot (1.72 - 1)}{15.6 \cdot 1.72} + \frac{0.12596}{1.72} = 0.20472$$

$$y_6 = y_5 - d_6 \cdot u_6 = 4.9 - 3 \cdot 0.20472 = 4.286$$

$$u_7 = \frac{y_6 \cdot (n_7 - n_6)}{R_6 \cdot n_7} + \frac{n_6 \cdot u_6}{n_7} = \frac{4.286 \cdot (1 - 1.72)}{12.24} + 1.72 \cdot 0.20472 = 0.1$$

$$d_7 = \frac{y_6}{u_7} = \frac{4.284}{0.1} = 42.84$$

Und die Brennweite [f] ist:

$$f = \frac{y_1}{u_7} = \frac{25}{0.1} = 250$$

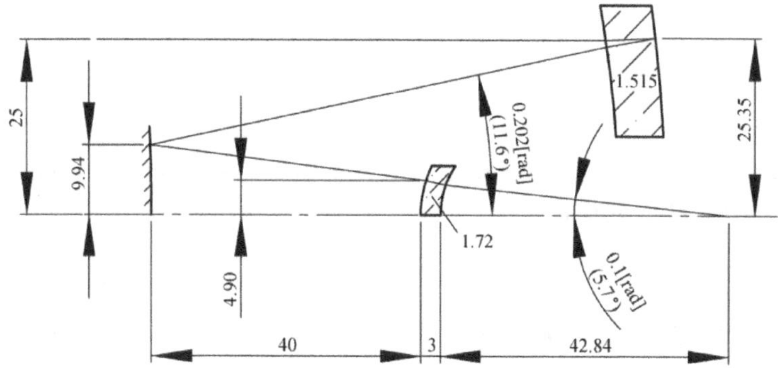

Literaturhinweise

Smith, Warren J.: Practical Optical System Layout. New York (McGraw-Hill) 1997.

Kingslake, Rudolf: Lens Design Fundamentals. San Diego (AP) 1978.

3.10 Strahlengang

Warum rechnet man nicht gleich den wirklichen Strahlengang aus und vergisst die ganze paraxiale Rechnung, die ja doch nur eine Annäherung ist? Sicher, das kann man machen, die Rechnung ist nicht mal so schwierig, da sie im Wesentlichen mit trigonometrischen Funktionen auskommt. Die Rechnung des tatsächlichen Strahlenganges ist jedoch deutlich aufwendiger als die paraxiale Rechnung, also Fleißarbeit.

Die Strahlen werden als Gleichungen von Geraden beschrieben (gilt nicht bei nichtlinearer Optik).

$$g \equiv y = m \cdot x \cdot y_1$$

oder

$$g \equiv y = m \cdot (x - x_1) + y_1 \qquad [1]$$

(wenn die Steigung (m) und der Punkt (x_1/y_1) gegeben sind)

Die Linsenflächen entsprechen in unserer Betrachtung einem Kreisausschnitt.

$$k \equiv y = \sqrt{r^2 - (x - x_0)^2} + y_0 \qquad \textbf{(Kreisgleichung)}$$

Wenn die Linsenflächen symmetrisch zu der optischen Achse angeordnet sind und diese wiederum identisch mit der x-Achse ist, was in den wohl meisten Fällen zutrifft, dann ist $y_0=0$ und die Kreisgleichung vereinfacht sich zu:

$$k \equiv y = \sqrt{r^2 - (x - x_0)^2} \qquad [2]$$

Weiterhin ist der Einfallswinkel (I) von dem Strahl zu der Flächennormalen von Bedeutung. Diesen bekommt man, wenn man zunächst die Kreisgleichung differenziert:

$$y' = \frac{(x_0 - x)}{\sqrt{r^2 - (x - x_0)^2}} \qquad [3]$$

Da y' aber der Winkel der Tangente ist und die Normale 90° verdreht dazu liegt, und auch noch der Winkel zum einfallenden Strahl zu ermitteln ist, gilt:

$$I = tan^{-1}(y') - 90° - tan^{-1}(m) \;\; ; \;\; \text{- 90° when +r, + 90° when –r} \quad [4]$$

Nun kommt das Brechungsgesetz nach Snellius an die Reihe, um den Brechungswinkel zu bestimmen.

$$n = \frac{\sin(I)}{\sin(I')} \quad (5)$$

Doch nun ist es genug, mit diesen 5 Gleichungen lässt sich der Strahlengang durch sphärische Linsen in einer Ebene berechnen.

Die Vorgehensweise für eine Linse (2 brechende Flächen) ist:

1. **Definition von g_1 und k_1 {[1] [2]}.**
2. **Schnittpunkt P_1 (x_1/y_1) ermitteln von g_1 und k_1 {[1] [2]}.**
3. **Einfallswinkel I_1 ermitteln {[3] [4]}.**
4. **Brechungswinkel I_1' ermitteln {[5]}.**
5. **Definition von g_2 und k_2 {[1] [2]}.**
6. **Schnittpunkt P_2 (x_2/y_2)ermitteln von g_2 und k_2 {[1] [2]}.**
7. **Einfallswinkel I_2' ermitteln, k_2 differenzieren {[3] [4]}.**
8. **Brechungswinkel I_2 ermitteln {[5]}.**
9. **Definition von g_3{[1]}.**
10. **Schnittpunkt P_3 (x_3/y_3) ermitteln von g_3 mit der x-Achse {[1]}.**

Beispiel:

$r_1 = 50$	Radius erste Seite
$r_2 = -70$	Radius zweite Seite
$d = 20$	Linsendicke
$n' = 1.52$	Brechungsindex

Der einfallende Strahl ist gegeben mit:

$m = 0$	Steigung, in diesem Fall parallel zur x-Achse
$y_1 = 25$	Abstand zur x-Achse

Bevor wir beginnen, sollte das Koordinatensystem und die Lage der Linse darin definiert werden. Es gibt keine verbindliche Regel, wie dies zu geschehen hat, doch wenn man sich festgelegt hat, dann muss man dies während der gesamten Rechnung beibehalten. Um es so einfach wie möglich zu haben, legen wir unsere optische Achse, die auch die Symmetrieachse ist, auf die x-Achse. Außerdem legen wir die Linse so, dass die erste Fläche r_1 durch den Nullpunkt des Koordinatensystems geht.

Nun die Rechnung:

1.

$$\boldsymbol{g_1 \equiv y = m \cdot x \cdot y_1 = 25}$$

$$\boldsymbol{k_1 \equiv y = \sqrt{r^2 - (x - x_0)^2} = \sqrt{50^2 - (x - 50)^2}}$$

2.

$$\boldsymbol{g_1 = k_1}$$

$$\boldsymbol{25 = \sqrt{50^2 - (x - 50)^2}}$$

Quadratische Gleichung

$$\boldsymbol{x_{1,2} = 50 \pm \sqrt{50^2 - 625}}$$

$$\boldsymbol{x_1 = 93.30127} \qquad \boldsymbol{x_2 = 6.69873}$$

Für die weitere Rechnung ist nur x_2 relevant. Der Schnittpunkt des Randstrahles mit der ersten Linsenfläche ist:

$$P_1(6.69873/25)$$

3. $$y' = \frac{(x_0 - x)}{\sqrt{r^2-(x-x_0)^2}} = \frac{50-6.69873}{\sqrt{50^2-(6.69873-50)^2}} = 1.73205$$

$$I = \tan^{-1}(y') - 90° - \tan^{-1}(m) = -30°$$

4. $$n = \frac{\sin(I)}{\sin(I')}$$

$$\sin(I_1') = \frac{\sin(I_1)}{n} = \frac{\sin(-30°)}{1.52} = -0.32895$$

$$I_1' = \sin^{-1}(-0.32895) = -19.2049°$$

5. Wir haben nun den Punkt P_1 (6.69873/25) und die Steigung m ist:

$$m = \tan(I_1 - I_1') = \tan(-30 + 19.2049) = -0.19067$$

Damit läßt sich g_2 definieren als:

$$g_2 \equiv y = m \cdot (x - x_1) + y_1 = -0.19067 \cdot x + 26.27725$$

$$k_2 \equiv y = \sqrt{r^2 - (x - x_0)^2} = \sqrt{-70^2 - (x + 50)^2}$$

6. $$g_2 = k_2$$

$$-0.19067 \cdot x + 26.27725 = \sqrt{-70^2 - (x + 50)^2}$$

$$x_{1,2} = 43.41149 \pm \sqrt{43.41149^2 - 1649.53721}$$

$$x_1 = 102.85974 \qquad x_2 = 16.03676$$

Für die weitere Rechnung ist nur x_2 relevant. Der Schnittpunkt des Randstrahles mit der zweiten Linsenfläche ist:

$$y_2 = \sqrt{r^2(x - x_0)^2} = \sqrt{-70^2 - (16.03676 + 50)^2} = 23.21952$$

$$P_1(16.03676 \,/\, 23.21952)$$

7. $$y' = \frac{(x_0 - x)}{\sqrt{r^2 - (x - x_0)^2}} = \frac{(-50 - 16.03676)}{\sqrt{-70^2 - (16.03676 + 50)^2}} = -2.84402$$

$$I_2' = \tan^{-1}(-2.84402) - 90° - \tan^{-1}(-0.19067) = 30.16751°$$

8. $$\sin(I_2) = \sin(I_2') \cdot n = \sin(30.16751) \cdot 1.52 = 0.76385$$

$$I_2 = 49.80437°$$

9. Wir haben nun den Punkt P_2 (16.03676/23.21952) und die Steigung m ist:

$$m = \tan(90 + \tan^{-1}(-2.84402) - 49.80437) = -0.58744$$

Damit lässt sich g_3 definieren als:

$$g_3 \equiv y = m \cdot (x - x_2) + y_2 = -0.58744 \cdot x + 32.64023$$

10. Wenn wir den Schnittpunkt der Geraden g_3 mit der x-Achse (optische Achse) ermitteln wollen, dann setzen wir:

$$y = 0$$

und dann wird

$$x = 55.56351$$

Strahlengang

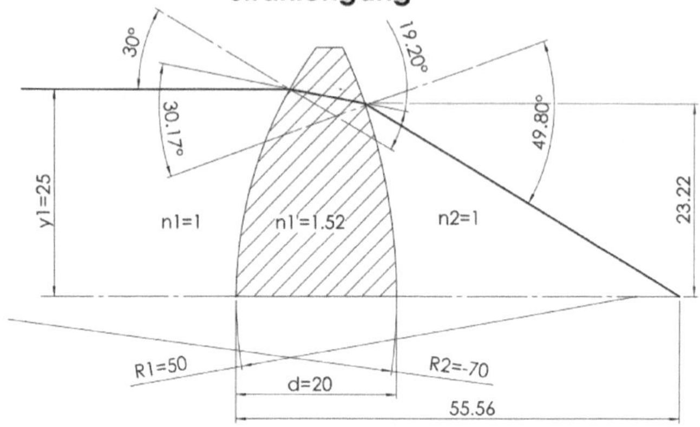

Diese Rechnung kann man nun für verschiedene einfallende Strahlhöhen und Winkel durchführen und bekommt so auch eine Aussage über die Abbildungsqualität der Optik. Für ein System mit mehreren Linsen wird es natürlich immer aufwendiger. Man kann natürlich auch ein Programm mit dieser Rechnung erstellen, was die Sache vereinfachen würde. Doch man sollte nicht vergessen, dass dieser Rechenformalismus nur für konzentrisch angeordnete sphärische Linsen gilt, die zugegebenermaßen die wohl häufigste Anordnung sind, jedoch andere Konfigurationen nicht berücksichtigt, z. B. asphärische Flächen, Spiegel, Dezentrierungen und Verkippungen.

Für jeden, der mit Optik und Strahlengangbetrachtungen zu tun hat, empfiehlt es sich daher, ein auf dem Markt erhältliches optisches Rechenprogramm anzuschaffen. Die Anbieter solcher Programme haben oft eine preisgünstige Grundversion im Programm, die zwar kein optisches Design erlaubt, aber absolut geeignet für die Analyse von optischen Systemen ist.

3.11 Spiegel

Spiegel sind optische Bauelemente, die einfallende Strahlung reflektieren. Die Reflexion ist in der Regel gerichtet, d. h. nicht diffus.

Spiegel können eine plane oder eine gekrümmte Oberfläche haben, z. B. sphärisch, asphärisch, zylindrisch, usw.

Gekrümmte Spiegel ändern die Konvergenz bzw. die Divergenz der einfallenden Strahlung, z. B.:

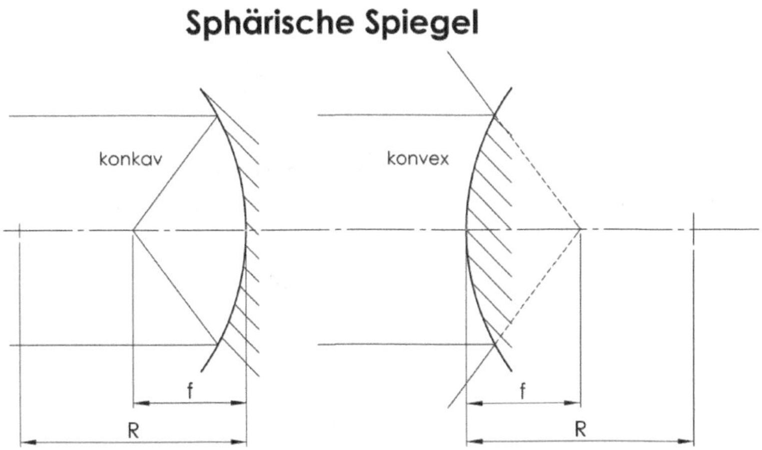

Bei sphärischen Spiegel ist die Brennweite der halbe Radius [R]:

$$f = \frac{R}{2}$$

Spiegel mit sphärischen Flächen sind mit Abbildungsfehler behaftet:

Sphärische Spiegel

Abbildungsfehler

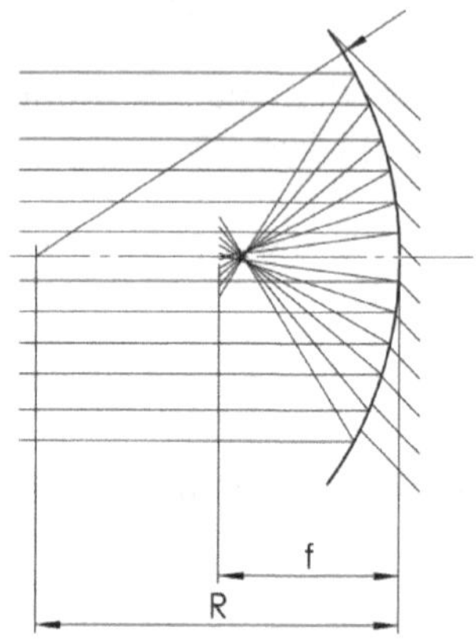

Spiegel mit asphärischen Flächen, die den Kegelschnitten entsprechen, sind für achsenymmetrischen Strahlengang frei von Abbildungsfehlern:

Asphärische Spiegel

Kegelschnitte

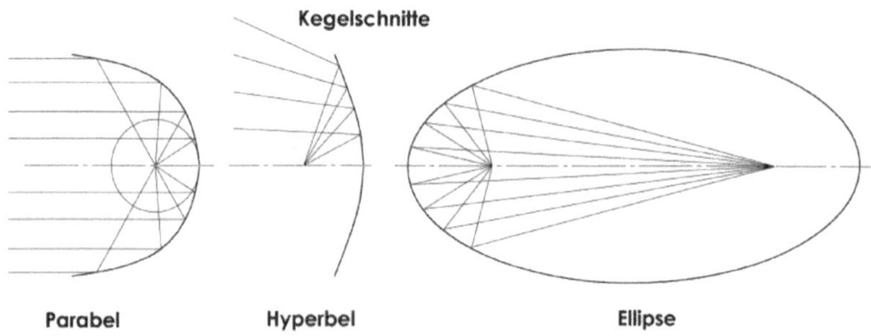

Na super, dann verwenden wir doch nur noch asphärische Spiegel, um Abbildungsfehler zu vermeiden. Das kann man sicherlich tun, wenn man bereit ist, dies auch zu bezahlen. Die Herstellung asphärischer Optik ist deutlich aufwendiger und somit auch teurer als die von sphärischer Optik.

Generell kann man sagen, dass Spiegeloptik genauso Abbildungsaufgaben übernehmen kann wie Linsenoptik.

Spiegeloptik hat eigene charakteristische Merkmale wie:

- **Keine Dispersion, d. h. die Reflexion ist Wellenlängenunabhängig.**

- **Spiegelmaterialien können Metalle, Keramik oder Glas sein, d. h. preisgünstig.**

- **Durch gefalteten Strahlengang kann der Bauraum recht klein werden.**

- **Spiegel sind sehr positionsempfindlich. Eine Verkippung des Spiegels wird den Strahlengang um den doppelten Kippwinkel auslenken, dem Reflexionsgesetz folgend. Aus dem gleichen Grunde müssen Spiegel auch eine gute Formgenauigkeit haben.**

- **Spiegeloptiken lassen sich in der Regel nur für kleine Gesichtsfelder vernünftig auskorrigieren.**

Doch über Planspiegel müssen wir auch noch etwas sagen. Deren Hauptaufgabe besteht darin, eine Richtungsänderung in einem Strahlengang vorzunehmen. Da das Reflexionsgesetz gilt, kann man den Strahlengangsverlauf bei einer Verkippung [α] relativ zu der Flächennormalen recht einfach berechnen.

Beispiel:

Ein Strahlengang soll in einem Gehäuse um 70.4 mm nach unten versetzt werden und danach parallel zum einfallenden Strahlengang verlaufen.

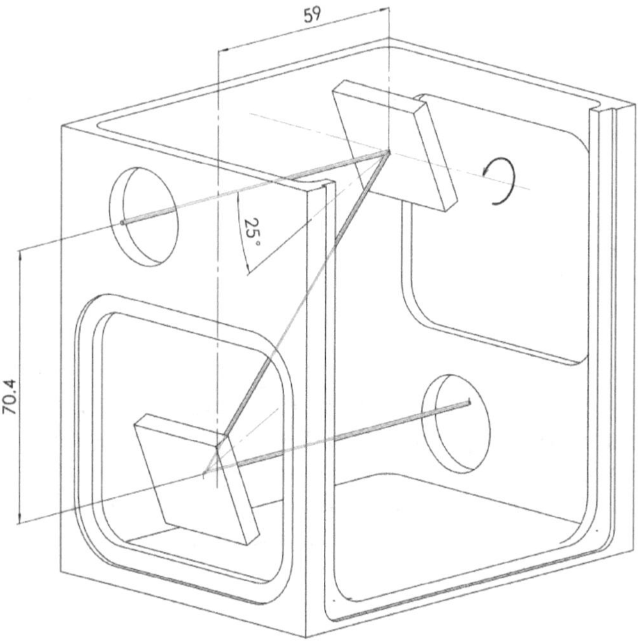

$$\varepsilon = \frac{tan^{-1}\left(\frac{70.4}{59}\right)}{2} = 25°$$

Wenn die Lage der Spiegel gegeben wäre, dann müsste der Kippwinkel der Spiegel ε=25° betragen.

Ist ein Umlenkspiegel nicht nur gekippt, sondern auch noch um eine andere Achse verdreht, dann wird die Rechnung schon etwas aufwendiger.

Beispiel:

In einem Gehäuse ist ein Spiegel um α=23° und β=12° zum einfallenden Strahl gekippt. Die Drehachse [β] ist senkrecht zum einfallenden Strahl und zu der Kippachse [α].

Die Länge des reflektierten Strahls soll l_R=100 mm bis zum zweiten Spiegel betragen. Wo muss der zweite Spiegel liegen?

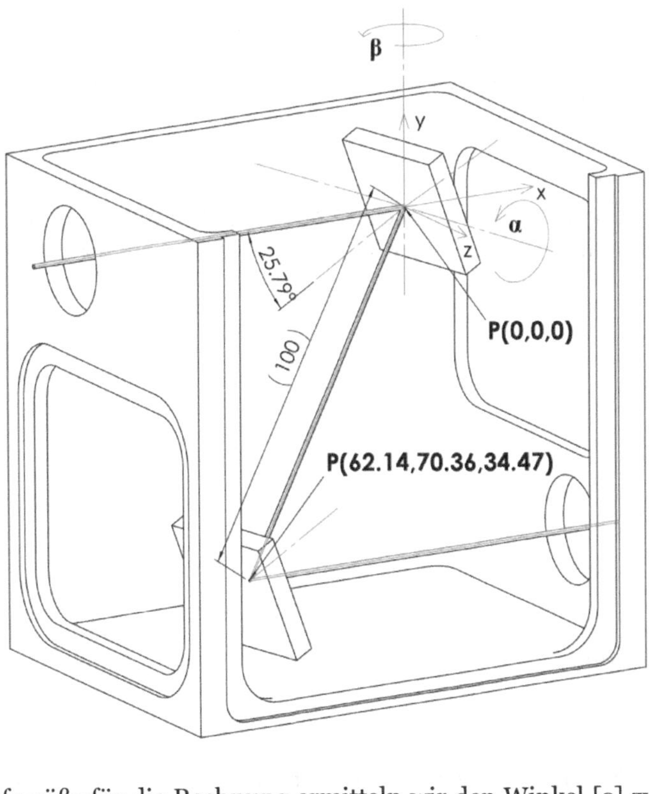

Als Hilfsgröße für die Rechnung ermitteln wir den Winkel [ε] zwischen ein-fallendem Strahl und der Flächennormalen des ersten Spiegels.

$$\boldsymbol{\varepsilon = cos^{-1}(cos(\alpha) \cdot cos(\beta)) = cos^{-1}(cos(23°) \cdot cos(12°)) = 25.79°}$$

Mit den gegebenen Größen lassen sich nun die Koordinaten des zweiten Spiegels berechnen.

$$\boldsymbol{P_x = l_R \cdot \cos(2 \cdot \varepsilon) = 100 \cdot \cos(2 \cdot 25.79°) = 62.14}$$

$$\boldsymbol{P_y = l_R \cdot \sin(2 \cdot \alpha) \cdot \cos(\beta) = 100 \cdot \sin(2 \cdot 23°) \cdot \cos(12°) = 70.36}$$

$$\boldsymbol{P_z = \sqrt{l_R^2 - P_x^2 - P_y^2} = \sqrt{100^2 - 62.14^2 - 70.36^2} = 34.47}$$

Dieses Beispiel soll verdeutlichen, dass bei einem Spiegel, der in zwei Ebenen gekippt ist, die Berechnung der Reflexion schon aufwendiger ist.

Literaturhinweise

Smith, Warren J.: Modern Optical Engineering. New York (McGraw-Hill) 2000.

3.12 Prismen

Bei Prismen handelt es sich um optische Bauelemente, die vornehmlich eine Bilddrehung, Strahlumlenkung oder einen Strahlversatz bewirken. Eine andere Anwendung hat das Dispersionsprisma, welches die Dispersionseigenschaften des Glases nutzend, den einfallenden Lichtstrahl in seine Wellenlängen zerlegt. Anamorphotische Prismensysteme können außerdem in einer Ebene vergrößern bzw. verkleinern, ähnlich wie Zylinderlinsen.

Prismen bestehen meistens aus einem optisch transparenten Material. Die optischen Flächen eines Prismas wie Eintritt, Austritt, interne Reflexion, sind in der Regel plan, und für den durchgehenden Strahl entspricht die interne optische Wegstrecke der einer planparallelen Platte.

3.12.1 Planparallele Platte

Daher betrachten wir erst einmal, wie sich eine planparallele Platte in einem Strahlengang verhält. In einem konvergenten Strahlengang wird eine planparallele Platte eine Verschiebung der Bildebene um den Betrag l_s bewirken. Außerdem wird eine planparallele Platte auch noch Abbildungsfehler in den Strahlengang bringen.

Das hat zur Konsequenz, dass bei der Optimierung eines optischen Systems eingebaute Prismen in der Rechnung mitberücksichtigt werden müssen.

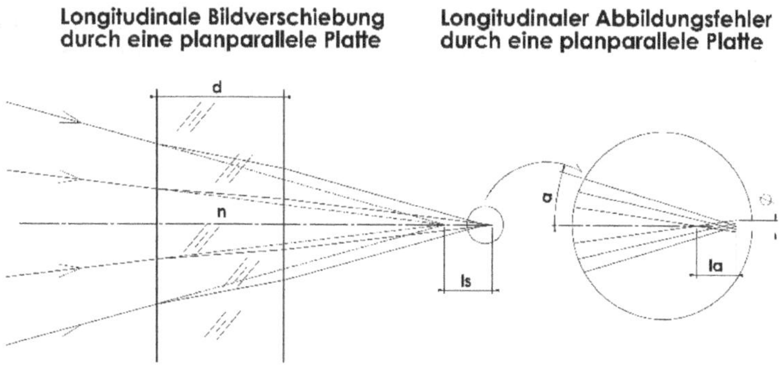

Die longitudinale Bildverschiebung l_s ist:

$$l_s = \frac{n-1}{n} \cdot d$$

Die Abbildungsfehler lassen sich natürlich mit der Strahlengang-berechnung bestimmen.

Z. B. der ∅ des Abbildungsfehlers bei folgenden Werten wäre:

- d = 50 mm
- n = 1.52
- $\alpha = 10°$

∅ = 0.05 mm

Das heißt, wenn in einem auskorrigierten Strahlengang eine Glasplatte mit 50 mm Dicke käme, wäre der Strahldurchmesser in der Abbildungsebene um 0.05 mm größer.

Ob dies ein Problem darstellt oder nicht, hängt von der Anwendung und der Sensorik ab.

Wäre die Sensorik z. B. ein CCD-Chip mit einer Pixelgröße von typischerweise 0.01 mm, dann würden in diesem Fall das Auflösungsvermögen bzw. die Bildqualität sehr stark beeinträchtigt werden.

Bei manchen Mikroskopobjektiven werden die Substratträger, die ja planparallele Glasscheiben sind, mit eingerechnet und auf dem Objektiv angegeben.

Planparallele Platten kann man auch dazu verwenden, um einen Lateralversatz im Strahlengang zu erzeugen.

Lateralversatz mit einer planparallelen Platte

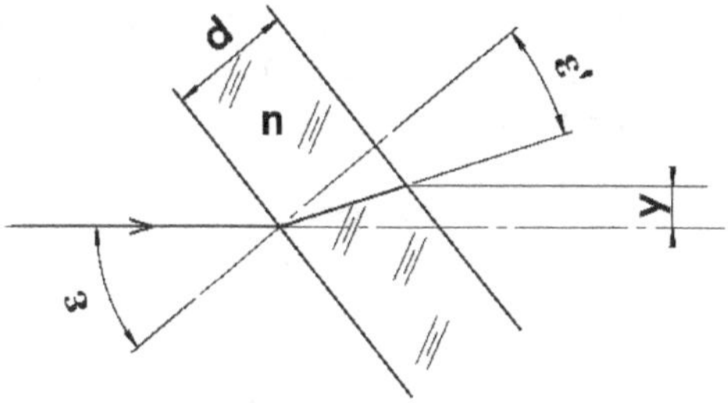

$$y = d \cdot \frac{\sin(\varepsilon - \varepsilon')}{\cos(\varepsilon')}$$

Doch Vorsicht, zusätzlich zu den longitudinalen Abbildungsfehlern kommen nun auch noch Abbildungsfehler, wie Astigmatismus und Koma hinzu.

3.12.2 Prisma Typen

Das gleichschenklige 90°-Prisma ist so etwas wie der Klassiker unter den Prismen. Es funktioniert wegen der Totalreflexion an den Innenflächen, d. h. es ist keine Verspiegelung nötig. Das Bild lässt sich mit dem 90°-Prisma in einer Ebene spiegeln oder aber um 90° umlenken, je nach Anordnung.

90°-Prisma

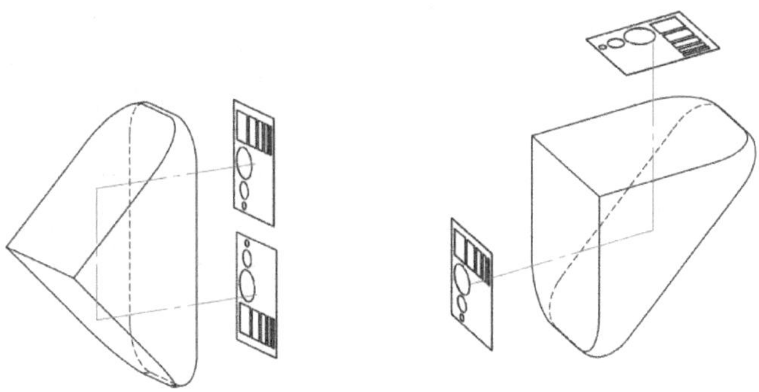

In Teleskopen mit einer Zwischenbildebene ist das Bild in beiden Ebenen gespiegelt, d.h. um 180° gedreht (es steht auf dem Kopf). Mit einer Anordnung von zwei 90°-Prismen, lässt sich das Bild um 180° drehen und hat nun wieder die gleiche Orientierung wie das Objekt. Diese Anordnung, nennt sich Porroprisma.

Porroprisma

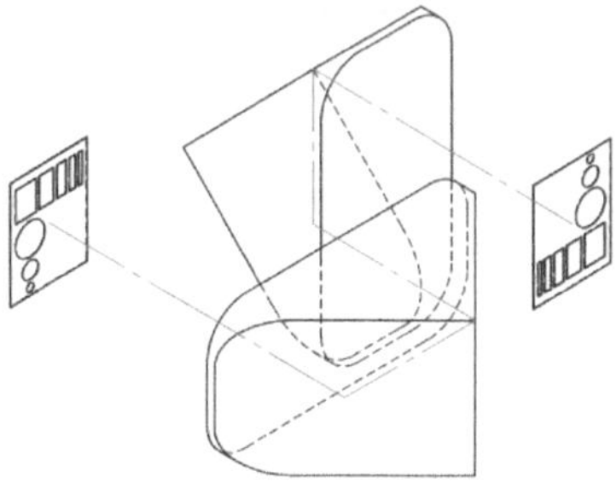

Weitere Prismentypen sind:

Dove-Prisma	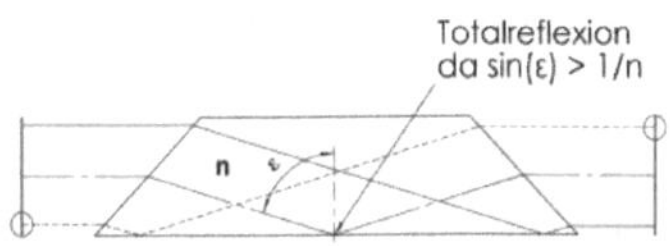	Bildspiegelung in einer Ebene. Funktioniert mit Totalreflexion. Baut relativ lange auf. Die schräggestellten Flächen verursachen Astigmatismus. Preisgünstig.
Pechan-Prisma	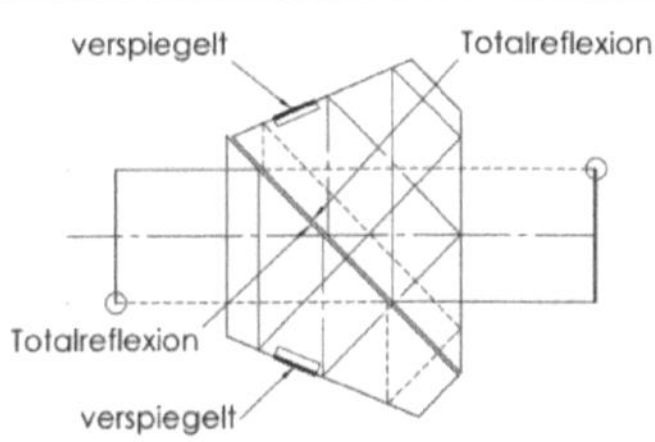	Bildspiegelung in einer Ebene. Funktioniert mit Totalreflexion an den Innenflächen und Verspiegelung außen. Besteht aus zwei Teilen, d. h. aufwendigere Halterung. Sehr kompakt.

Abbesches Prisma	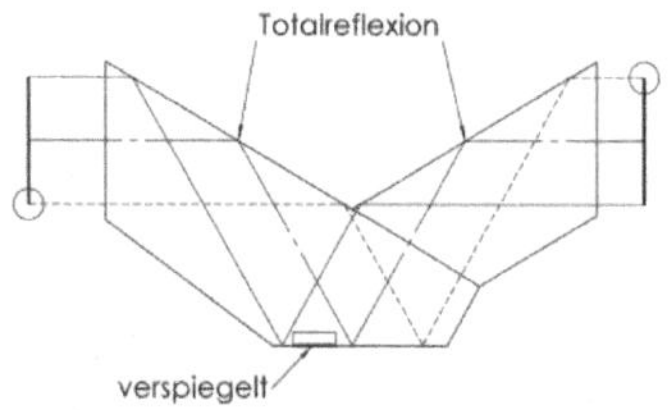	Bildspiegelung in einer Ebene. Totalreflexion und verspiegelte Flächen
Rhomboid-Prisma	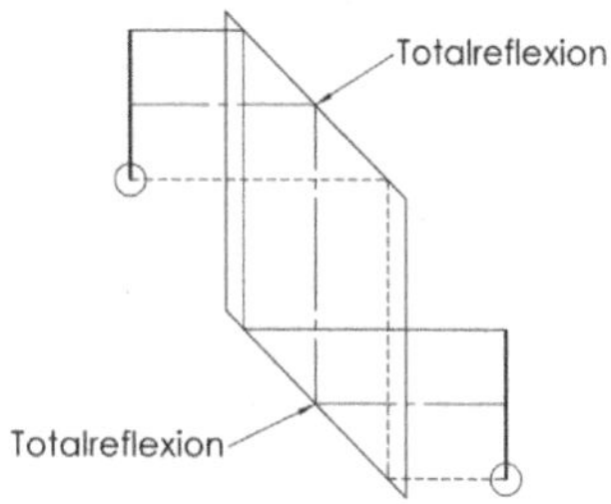	Verursacht einen Strahlversatz, aber keine Bilddrehung.
Abbe-König-Prisma	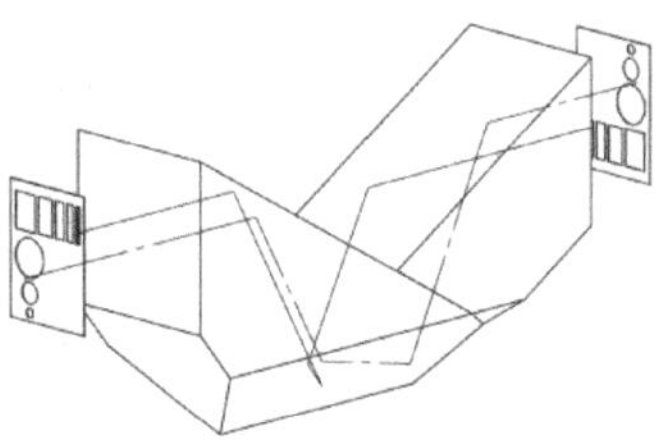	Bildspiegelung in beiden Ebenen. Es entspricht dem Abbe-Prisma mit einer zusätzlichen Dachkante. Funktioniert mit Totalreflexion. Ideal in Teleskopen, da kein Versatz der optischen Achse.
Dachkantprisma	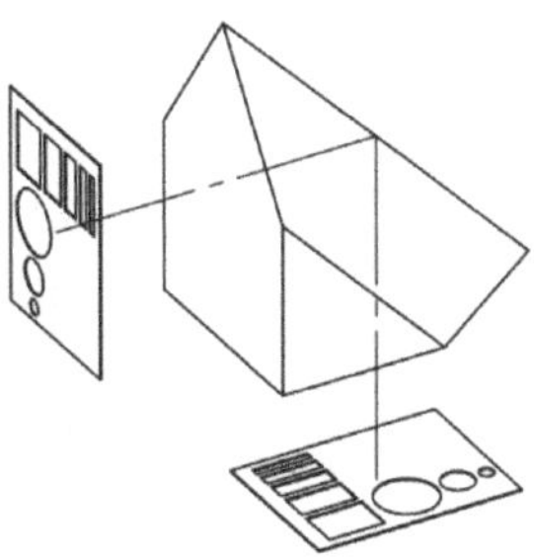	Bildspiegelung in einer Ebene. Der Strahl wird um 90° abgelenkt.

Pentaprisma	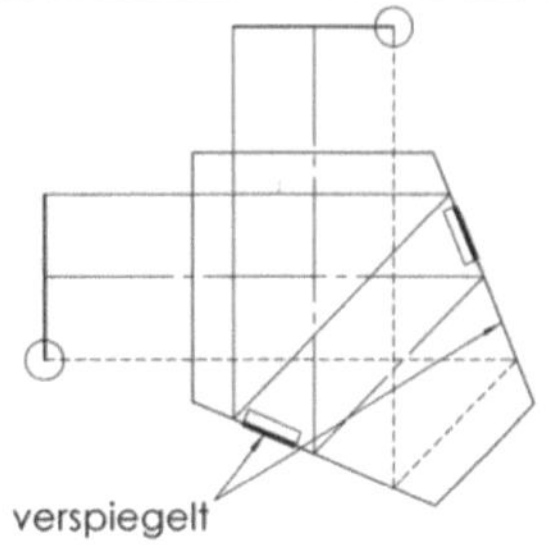	Bildspiegelung in einer Ebene. Der Strahl wird um 90° abgelenkt. Keine interne Totalreflexion, d. h., die Flächen müssen verspiegelt sein.
Schmidt-Prisma mit Dachkante	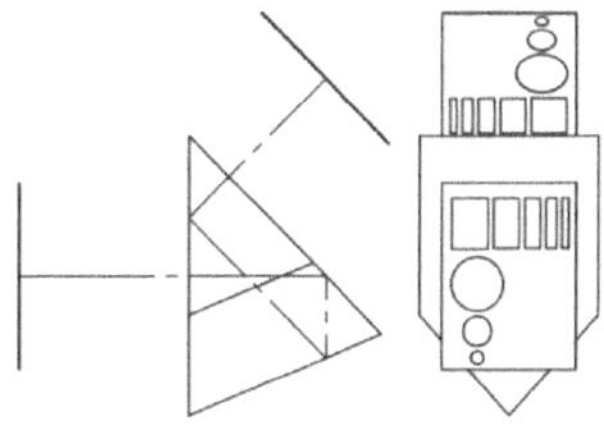	Bildspiegelung in beiden Ebenen. Die optische Achse erfährt eine Winkelauslenkung.
Bauernfeind-Prisma	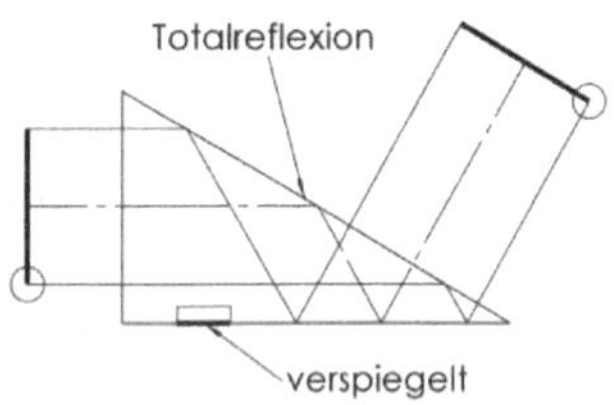	Die optische Achse erfährt eine Winkelauslenkung. Das Bild wird in keiner Ebene gespiegelt.
Tripelprisma	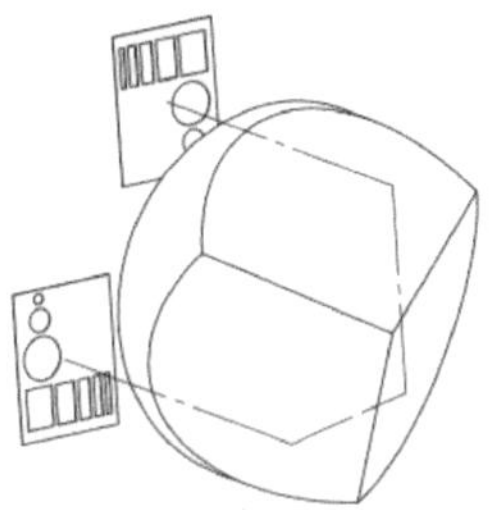	Bildspiegelung in beiden Ebenen. Die optische Achse erfährt einen Versatz und eine Winkelauslenkung von 360°. Dies bedeutet, dass der austretende Strahl immer parallel zu dem einfallenden Strahl verläuft.

Anamorphotisches Prismensystem	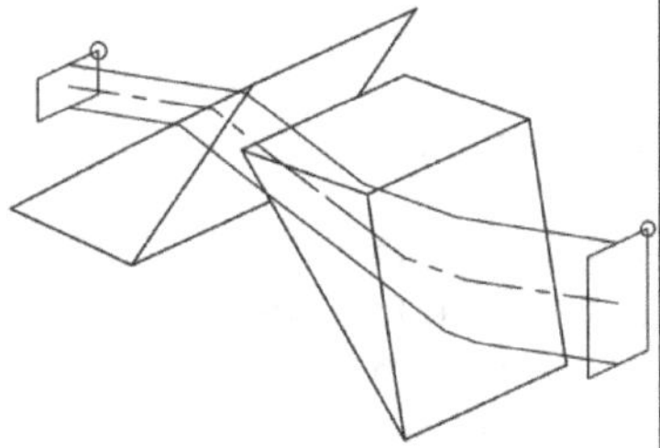	Ähnliche Wirkung wie Zylinderlinsen. Der Strahlquerschnitt wird in einer Ebene verändert. Häufige Anwendung bei Laserdioden.

Prismen sind grundsätzlich für parallelen, konvergenten und divergenten Strahlengang verwendbar. Man muss aber darauf achten, dass die Bedingung der Totalreflexion eingehalten wird, z. B.:

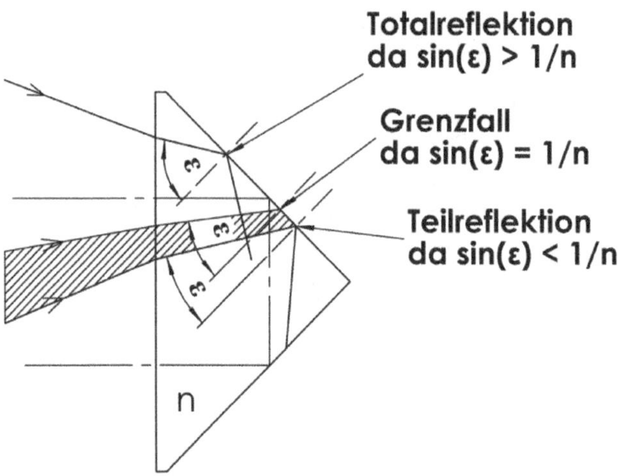

Im Bereich der schraffierten Fläche würde ein Teil des Lichtes die Fläche durchdringen und verloren gehen, da in dem Bereich keine Totalreflexion vorliegt. Mögliche Lösungen wären, die Reflexionsflächen zu verspiegeln, oder aber das Prisma aus einem hochbrechenden Glas herzustellen, z. B.:

Glas mit n=1.52 dann ist der Grenzwinkel $\varepsilon = 41.1^\circ$

Glas mit n=1.75 dann ist der Grenzwinkel $\varepsilon = 34.8^\circ$

In der Praxis werden beide Möglichkeiten realisiert, je nach Fall.

Prismen, wie das Pechan-Prisma, Dove-Prisma oder auch das Abbesche Prisma, können zur dynamischen Bilddrehung verwendet werden. Wenn sich das Prisma um die optische Achse mit dem Winkel α dreht, dann dreht sich das Bild mit dem doppelten Winkel 2α.

Einige Prismen, wie z. B. das 90°-Prisma, Rhomboidprisma, Abbe-König-Prisma, Dachkantprisma, Pentaprisma oder auch das Tripelprisma ließen sich durchaus auch mit Spiegeln verwirklichen, z. B.:

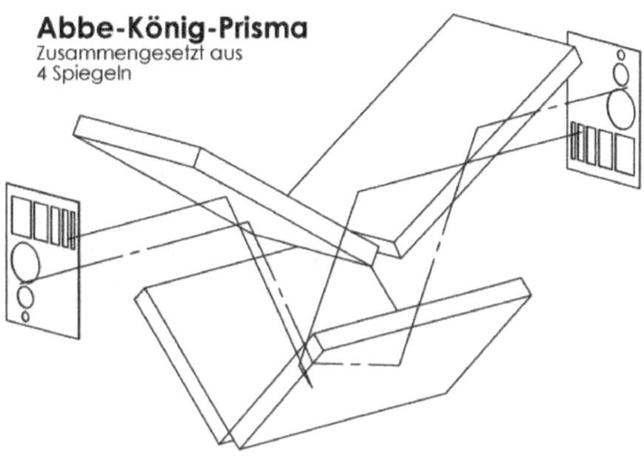

Super, da lacht das Herz des optischen Rechners. Keine so dicken Glasschinken mehr, mit dem optischen Einrechnen von all den Problemen, wie Dispersion, longitudinalen Abbildungsfehlern und Astigmatismus. Sicherlich, man hat sich arrangiert und es gibt schon Lösungen in der optischen Rechnung für Prismen im Strahlengang, doch trotzdem, oft genug bleiben es nun mal optische Störenfriede.

Der Konstrukteur schaut sich dieses Gebilde an und fragt erstmal, welche Winkelgenauigkeit gefordert ist. Sagen wir mal 1' pro Fläche, das liegt so im Bereich der Mittelklasseoptik. Es können aber auch schon mal 5" sein, für Dachkanten und Anwendungen in der Präzisionsoptik. Nun legen er oder sie los, ein Konzept ist bald gefunden, die Spiegel sind positioniert und spannungsfrei gehaltert, die Fertigung ist zu recht stolz auf die Genauigkeit, die erreicht wurde und alle sind glücklich. Wirklich alle? Derjenige, der die Rechnung bezahlen muss, wird mit ein paar zusätzlichen grauen Haaren und hochrotem Kopf die Runde der glücklichen Prismenexperten stören; und was er da zu sagen hat, mag sich jeder selber ausmalen.

Dies ist eine der großen Daseinsberechtigungen von Glasprismen. Die optischen Flächen sind Teil des Glasblocks und durch die optische Fertigung ist ihre Lage und Ebenheit gegeben. Das komplette Prisma kann man nun recht einfach halten und die Positioniergenauigkeit ist in der Regel auch kein solches Problem mehr, weit wichtiger ist die Genauigkeit der optischen Prismenflächen zueinander.

Literaturhinweise

Smith, Warren J.: Modern Optical Engineering. New York (McGraw-Hill) 2000.

Pforte, Heiz: Feinoptiker Teil 2. Berlin (VEB Verlag Technik) 1980.

3.13 Strahlteiler

Strahlteiler sind optische Bauelemente, deren Aufgabe vornehmlich darin besteht, einen Strahlengang in zumindest zwei Komponenten zu zerlegen. Die am meisten verwendeten Bauformen sind Strahlteilerplatten, Folien (Pellicle), Strahlteilerwürfel und Polarisationsprismen.

Strahlteiler können natürlich auch umgekehrt, zur Strahlzusammenführung verwendet werden.

Strahlteilerplatten sind in der Regel planparallele Glasscheiben. Eine Seite der Scheibe ist mit einer optischen Beschichtung versehen, die einen Teil des Strahlengangs reflektiert und einen anderen Teil hindurchlässt. Das Verhältnis von Transmission zu Reflexion muss den Anforderungen angepasst sein. Die zweite Seite der Scheibe ist entweder unbeschichtet oder mit einer Beschichtung für hohe Transmission versehen. Wenn die Abbildungsqualität des reflektierten Strahlanteils wichtig ist, dann muss man auf eine gute Ebenheit der Strahlteilerplatten achten. Der große Nachteil von Strahlteilerplatten sind, neben den zusätzlichen Aberrationen, die Restreflexion an der zweiten Fläche. Selbst mit einer guten Beschichtung wird es eine Reflexion geben, die mit einem Versatz dem Weg der ersten gewollten Reflexion folgt. Die Bildebene der Störreflexion ist nahe der Bildebene des reflek-tierten Strahlenganges gelegen. Dieses bedeutet, dass eine an dieser Stelle positionierte Sensorik zwei Bilder unterschiedlicher Intensität sehen wird.

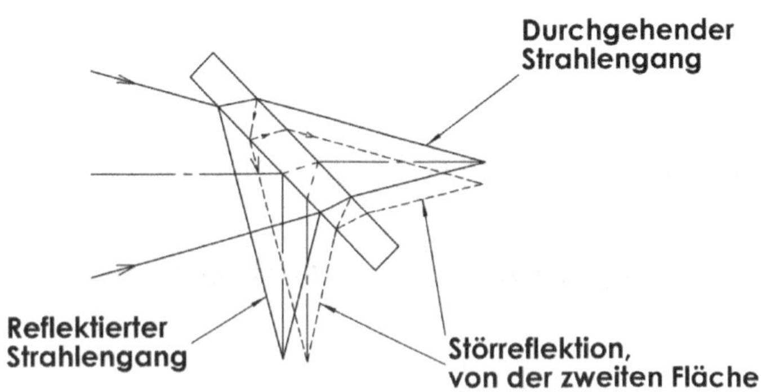

Wenn man Strahlteilerplatten recht dünn macht, dann wird der Versatz der Störreflexion auch ziemlich klein sein. In der Praxis wird dies auch so gemacht, jedoch auf Kosten der Ebenheit der Flächen.

Wenn man die Fresnelsche Reflexion betrachtet, dann weiß man, dass bei schräg einfallendem Lichtstrahl Polarisationseffekte auftreten. Genau dies geschieht bei Strahlteilerplatten und man muss dies bei Anwendungen berücksichtigen. Mit einer entsprechenden Beschichtung lassen sich diese Polarisationseffekte verringern.

Eine weitergehende Möglichkeit ist der Einsatz von Folien (Pellicle) als Strahlteiler. Folien sind nur wenige µm dick und das Problem der Störreflexion würde da praktisch entfallen. Da es sehr schwer ist, Folien so zu spannen, dass sie eine absolut ebene optische Fläche ergeben, ist die Deformation des reflektierten Strahlenganges entsprechend hoch, d. h. für anspruchsvollere Abbildungsaufgaben auf der reflektierten Seite sind sie nicht geeignet. Wenn man Folien einsetzt, sollten sie sehr vorsichtig gehandhabt werden, da sie schnell reißen. Sie müssen vor Verschmutzung gut geschützt werden.

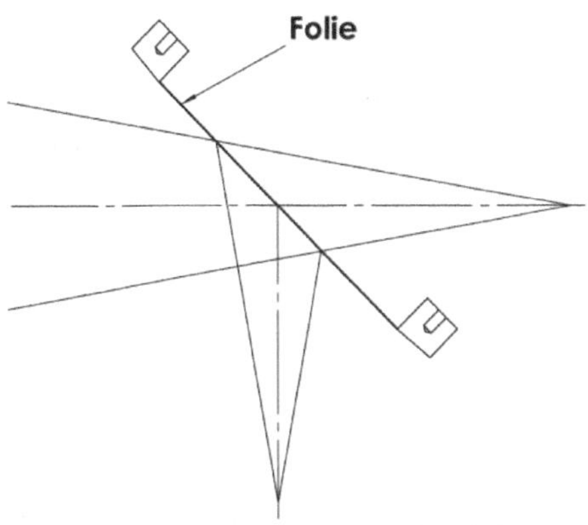

Strahlteilerwürfel sind zwei 90°-Prismen, die an der Hypotenuse miteinander verkittet sind. Auf der Hypotenuse ist eine optische Beschichtung, die die Strahlteilung bestimmt. Diese kann polarisierte oder unpolarisierte Teilung bewirken, je nach Art der Beschichtung.

Auch bei Strahlteilerwürfeln gibt es Restreflexionen an den Flächen.

Diese aber bilden sich nicht in der Nähe des Hauptstrahlenganges ab und werden somit auch kaum wahrgenommen.

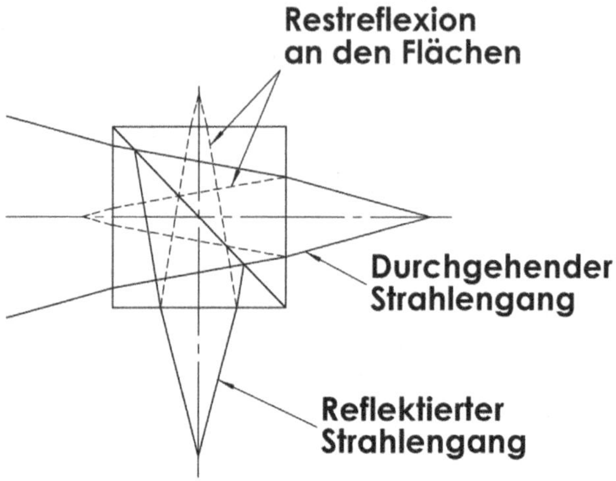

Strahlteilerwürfel können mit vertretbarem Aufwand sehr genau gefertigt werden, sodass der Strahlengang kaum deformiert wird. Sie sind gut geeignete optische Komponenten, wenn die Abbildungsgüte wichtig ist.

Literaturhinweise

Smith, Warren J.: Modern Optical Engineering. New York (McGraw-Hill) 2000.

Schröder, Gottfried; Treiber Hanskarl: Technische Optik: Grundlagen und Anwendungen. Würzburg (Vogel Business Media) 2007.

3.14 Beugungsscheibe, Auflösungsvermögen

Rein geometrisch betrachtet wird ein Punktbild unendlich klein, wenn keine Abbildungsfehler auftreten und sich somit alle Strahlen, die eine Optik durchlaufen, in diesem einen Punkt treffen. Diese Betrachtung würde so zutreffen, wenn die Strahlungsteilchen (Photonen) sich auf einer Linie vorwärtsbewegen würden. Dies ist aber nicht der Fall, da sich elektromagnetische Strahlung wellenförmig fortbewegt. Das bedeutet, dass die Welleneigenschaft von Licht in diese Betrachtung mit eingehen muss.

Da jede Optik in irgendeiner Form eine Strahlenbegrenzung bewirkt, kann man sie auch als einen Spalt bzw. als eine Blende ansehen. Eine Blende in einem Strahlengang aber wird Beugungserscheinungen zur Folge haben, siehe Beugung am Spalt. Dies bedeutet wiederum, dass in der Bildebene nicht ein einzelner Bildpunkt zu sehen sein wird, sondern ein ganzes Beugungsmuster.

Schrecklich, das bedeutet dann ja wohl, dass sich ein Objektpunkt nach dem Durchgang durch die Optik als ein Muster von Linien oder Ringen abbilden wird! Wie will man da noch klar sehen?

Nun ja, ganz so schlimm ist das Ganze nun wieder nicht, da es zwei Faktoren gibt, die diese Beugungserscheinung relativieren.

Zum einen muss man sehen, dass die Energieverteilung in dem Beugungsmuster einer kreisförmigen Blende so ist, dass 84% der Energie in der Mitte, d. h. Beugung 0'ter Ordnung, enthalten sind.

Weiterhin ist der Durchmesser des Beugungsscheibchens abhängig von der Wellenlänge, dem Durchmesser und der Brennweite der Optik. Mit der Auswahl dieser Faktoren kann man den Durchmesser des Beugungsscheibchens so verkleinern, dass es zu der Anwendung passt.

Sicherlich, für rein abbildende Anwendungen könnte man gut auf diese ganzen Beugungserscheinungen verzichten. Doch bei anderen Anwendungen, wie z. B. in der Spektroskopie, Interferometrie oder Holografie, ist die Welleneigenschaft der Strahlung eine wesentliche Voraussetzung für die Funktion.

Der Durchmesser des Beugungsscheibchens für eine kreisförmige Öffnung ist:

$$d = 2.44 \cdot \lambda \cdot \frac{f}{\emptyset}$$

Intensitätsverteilung der Beugungsscheibe bei kreisförmiger Öffnung

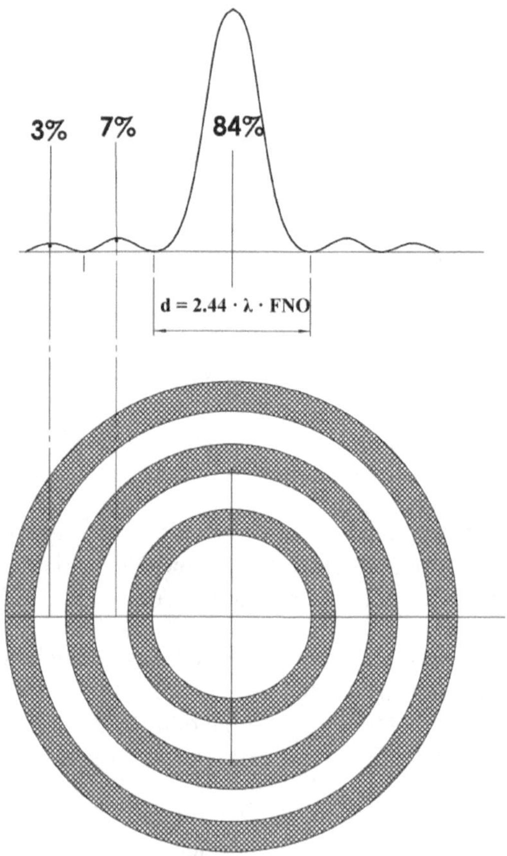

Aus dieser endlichen Größe eines Punktbildes lässt sich schließen, dass das Auflösungsvermögen einer Optik begrenzt ist.

Wenn die Beugungsscheiben von zwei Objektpunkten zu nahe beieinander liegen, dann addieren sie sich so, dass sie in der Bildebene nur noch als ein Objektpunkt wahrgenommen werden. In diesem Fall kann man sagen, dass das Objekt nicht mehr aufgelöst ist.

Sind zwei Beugungsscheiben um den Betrag

$$\boldsymbol{d = 1.22 \cdot \lambda \cdot FNO} \qquad \text{(Rayleigh-Kriterium)}$$

voneinander getrennt, dann sind die Objektpunkte in der Bildebene auflösbar. Die Intensität zwischen den Bildpunkten ist jedoch geringer als die eines einzelnen Bildpunktes. In diesem Fall spricht man vom Rayleigh-Kriterium. Dieses wird wohl bei den meisten abbildenden Optiken angewendet. Es stellt eine vernünftige Balance zwischen dem Auflösungsvermögen und dem optischen Aufwand zur Bildkorrektion dar.

Sind Beugungsscheiben um den Betrag $d > 1.22 \cdot \lambda \cdot FNO$ voneinander entfernt, dann wird die Auflösung immer besser, bis

$$\boldsymbol{d \approx 2.44 \cdot \lambda \cdot FNO}$$

wird. Dann kann man sagen, dass die Objektpunkte voll aufgelöst sind.

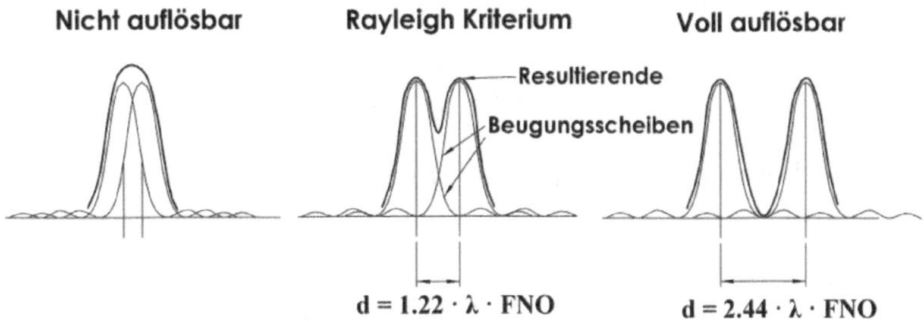

Optiken, die keine Abbildungsfehler aufweisen, sind beugungsbegrenzt. Sie erreichen das bestmögliche Auflösungsvermögen, welches mit einer Optik dieser Konfiguration (FNO, λ) möglich ist.

Abbildungsfehler werden eine Verbreiterung der Beugungsscheibe bewirken und das Auflösungsvermögen verschlechtern.

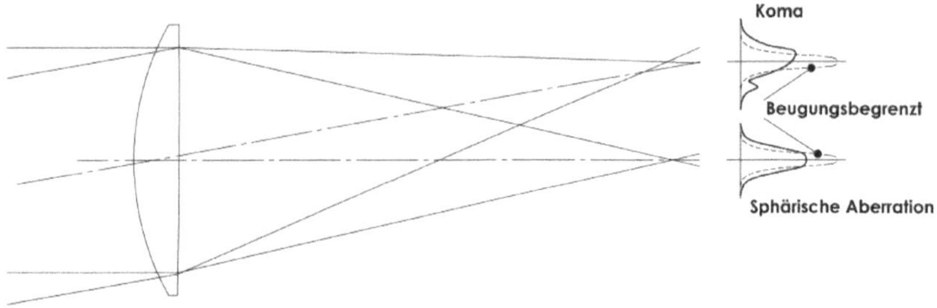

Beispiel:

Ein CCD-Zeilensensor soll mit einer Optik versehen werden. Die Daten sind:

- Pixelgröße im Sensor 25x25 µm.
- Wellenlängenbereich 0.45 µm bis 0.65 µm.
- Optikbrennweite f=50 mm, Öffnung D=25 mm

Die relative Apertur ist:

$$FNO = \frac{f}{D} = \frac{50}{25} = 2$$

Für die Rechnung ist λ=0.55 µm (Mittelwert) und somit wird:

$$d = 2.44 \cdot \lambda \cdot FNO = 2.44 \cdot 0.55\ \mu\text{m} \cdot 2 = 2.684\ \mu\text{m}$$

Das heißt, wenn die Optik beugungsbegrenzt wäre, dann wäre ein Punktbild fast zehnmal kleiner, als ein Pixel des Sensors. In diesem Fall kann man sphärische Aberrationen zulassen bis zu einem Durchmesser der Beugungsscheibe von d=25 µm, ohne eine deutliche Verschlechterung der Bildauflösung festzustellen. Setzt man für diesen Fall das Rayleigh-Kriterium als Maßstab für das Auflösungsvermögen an, dann kann die Beugungsscheibe sogar einen Durchmesser von d=50 µm haben.

Die Entscheidung, welche Auflösungskriterien eine Optik erfüllen soll, ist in erster Näherung einfach. Von den Anforderungen her muss man erst einmal wissen, welche kleinsten Objektdetails noch erkennbar sein müssen. Damit lässt sich schon eine Brennweite bestimmen. Schwieriger wird es schon, die Frage zu beantworten: Reicht als Auflösungsgüte das Rayleigh-Kriterium, oder sollen die kleinst auflösbaren Objektdetails voll auflösbar sein?

Literaturhinweise

Smith, Warren J.: Modern Optical Engineering. New York (McGraw-Hill) 2000.

3.15 Optische Abbildung, Aberrationen

Die Abbildungsgüte einer Optik ist eine ihrer wesentlichsten Eigenschaften überhaupt.

Eine ideale Abbildung ist, wenn alle einkommenden Strahlen von einem Objektpunkt sich in dem kleinstmöglichen Punkt an der Bildebene treffen, wie in der paraxialen Optik. Wenn dies nicht der Fall ist, dann nennen sich diese Abweichungen vom idealen Fall Abbildungsfehler.

Die wichtigsten Abbildungsfehler sind:

1. **Sphärische Aberration (Öffnungsfehler).**
2. **Koma.**
3. **Astigmatismus.**
4. **Bildfeldkrümmung (Petzval).**
5. **Distorsion (Verzeichnung).**
6. **Pupillen-Aberration.**
7. **Chromatische Aberration.**

Da ein Herr Seidel sich damit befasste und die Abbildungsfehler eingehend untersucht hat, nennt man die Abbildungsfehler eins bis fünf auch Seidel-Aberrationen oder Aberrationen 3. Ordnung.

Um Abbildungsfehler quantitativ zu erfassen, empfiehlt es sich, auf jeden Fall ein kommerzielles optisches Rechenprogramm zu verwenden. Die Berechnung des Strahlenganges ist, wie schon gezeigt, zwar nicht besonders schwierig, aber doch recht zeitaufwendig.

1. *Sphärische Aberrationen*

Wenn von einem Objektpunkt eine homogene Wellenfront ausgeht, dann ist nach dem Durchgang durch die Optik die Sphärizität der Wellenfront ein Hinweis auf die Abbildungsgüte. Im Idealfall sieht dies folgendermaßen aus:

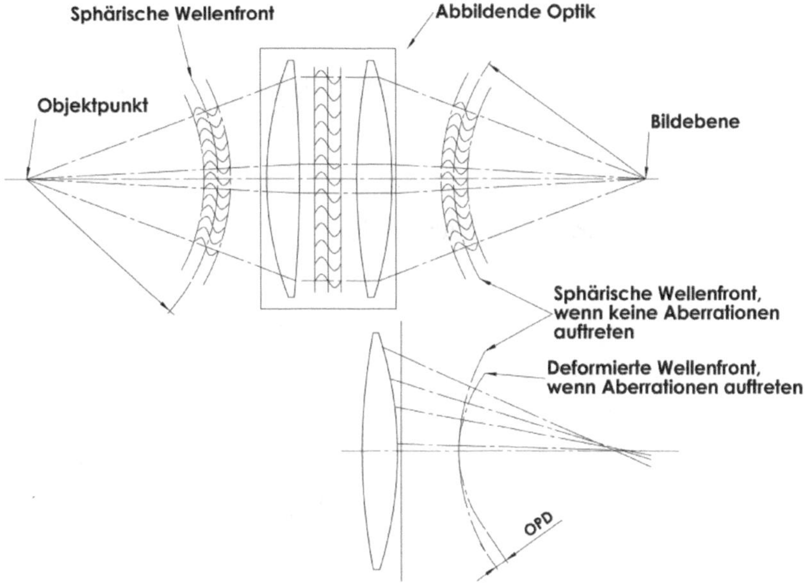

Die Wellenfrontdeformation OPD (aus dem Engl. Optical Path Difference), die nach dem Durchgang durch die Optik entsteht, hat ihre Ursache in nicht voll auskorrigierten Optiken. Bei einer voll auskorrigierten Optik ist die optische Wegstrecke für alle Strahlen, die von einem Objektpunkt ausgehen, gleich lang, d. h. sie haben die gleichen Laufzeiten. In diesem idealen Fall ist die Wellenfront sphärisch und konzentrisch zur Bildebene.

Wenn die Wellenfront von der idealen Sphäre abweicht, dann ist dies ein Hinweis auf sphärische Aberration. Aber auch für Koma und Astigmatismus, bei ausseraxialle Objektpunkte.

Sphärische Aberration ist der Abbildungsfehler für achssymmetrischen Strahlengang. Sie lässt sich mit zwei Größen beschreiben, mit der longitudinalen Abweichung LA oder mit der transversalen Abweichung TA.

$$LA = d' - d$$

$$TA = LA \cdot \tan(u)$$

Sphärische Aberration

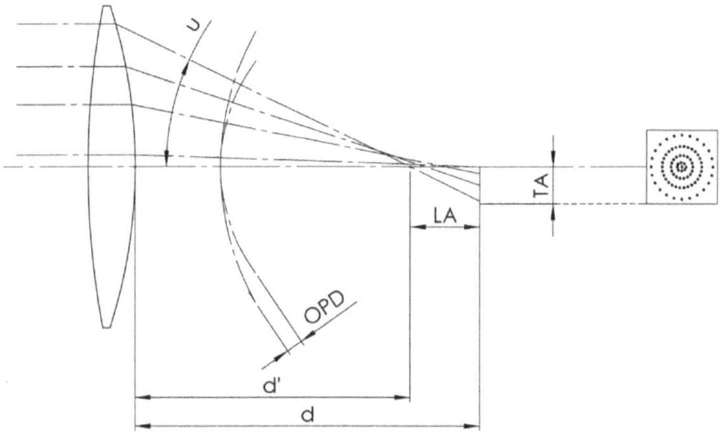

Anwender, die in der Bildebene einen Sensor mit definierter Größe setzen, können mit dem Wert TA ganz konkret etwas anfangen. Um eine fast volle Ausleuchtung zu bekommen, sollte der Sensor nicht kleiner als 2·TA sein.

Um sphärische Aberrationen in den Griff zu bekommen, kann der optische Designer eine Reihe von Maßnahmen ergreifen, z. B.:

- Linse bester Form berechnen.
- Das Verhältnis $FNO = \frac{f(Brennweite)}{\emptyset(Durchmesser)}$ vergrößern, indem man z.B. den Linsendurchmesser verkleinert.
- Ein hochbrechendes Linsenmaterial verwenden.
- Weitere Linsen, die die Korrektion unterstützen, hinzufügen.
- Asphärische Linsenfläche einfügen.

Wenn man mithilfe des Maßnahmenpaketes nun die sphärische Aberration auf eine Größe gebracht hat, die zu der Anwendung passt, dann wird man, wenn nötig, weiter untersuchen, was sich bei einem schräg einfallenden Strahlengang in der Bildebene tut.

2. *Koma*

Für die Abbildung von Objektpunkten, die nicht auf der optischen Achse liegen, kann diese Abbildung schweifförmig aussehen. Diesen Abbildungsfehler nennt man Koma. Der Grund dafür ist eine Änderung des Abbildungsmaßstabes im Strahlengang über der Pupille, d. h. die äußeren Strahlen haben einen anderen Abbildungsmaßstab wie die Mittelstrahlen.

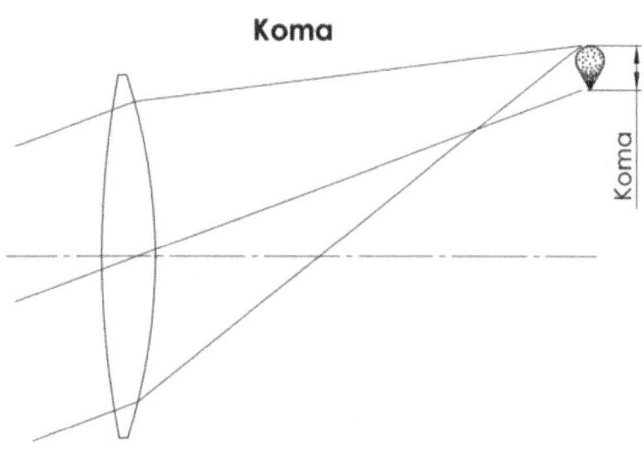

Um einen Abbildungsfehler wie Koma quantitativ zu erfassen, müsste man den Strahlengangsverlauf an verschiedenen Stellen der Pupille berechnen.

3. *Astigmatismus*

Wenn der Abbildungsmaßstab bzw. die Abbildungsebenen in der meridionalen sowie in der sagittalen Ebene unterschiedlich sind, dann spricht man von Astigmatismus.

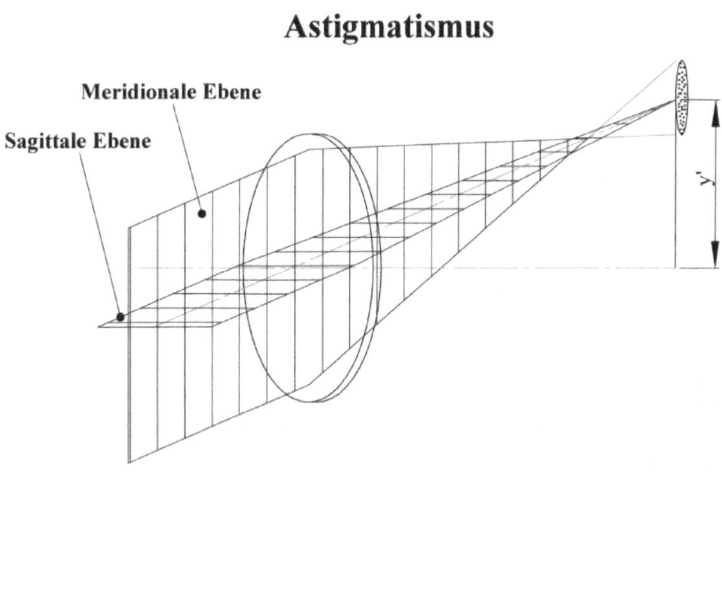

4. *Bildfeldkrümmung (Petzval)*

Die Bildebene der geringsten Abbildungsfehler ist gekrümmt und eine ebene Sensorik würde dies als eine Unschärfe über das Sehfeld wahrnehmen.

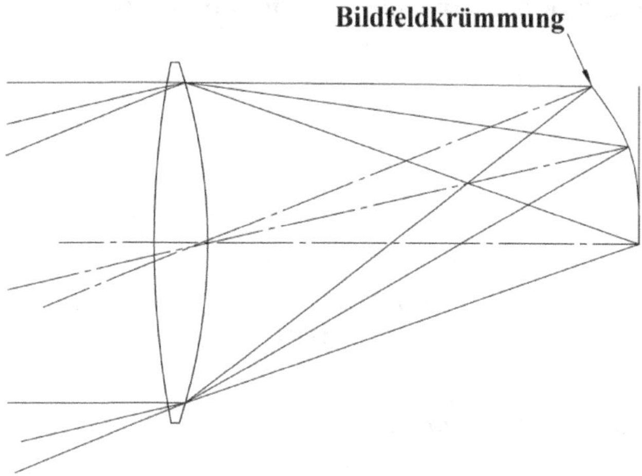

5. *Distorsion (Verzeichnung)*

Eine Änderung des Abbildungsmaßstabes über das Gesichtsfeld nennt man Distorsion. Wenn der Abbildungsmaßstab mit zunehmendem Gesichtsfeld größer wird, entsteht eine kissenförmige Distorsion. Im entgegengesetzten Fall, d. h. wenn der Abbildungsmaßstab mit zunehmendem Gesichtsfeld kleiner wird, spricht man von tonnenförmiger Distorsion.

Wenn eine Optik ein recht großes Gesichtfeld hat, dann ist es auf jeden Fall sinnvoll, die Distorsion zu prüfen und wenn nötig auszukorrigieren.

Speziell bei Optiken, die für Messungen von geometrischen Größen verwendet werden, ist Distorsion unakzeptabel, da sie das Messergebnis verfälschen würden.

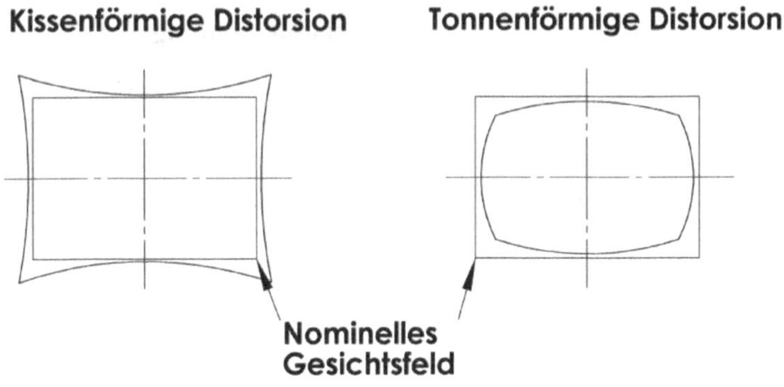

6. *Pupillen-Aberration*

Eine z.B. kreisförmige Pupille wird mit zunehmendem Sehfeld deformiert. Dies hat zur Folge, dass sich das Brennweiten-Durchmesser-Verhältnis ändert. Es macht sich als eine Intensitätsänderung in der Bildebene bemerkbar. Bei Optiken mit sehr großen Sehfeldern sollte man die Pupillen-Aberration schon prüfen.

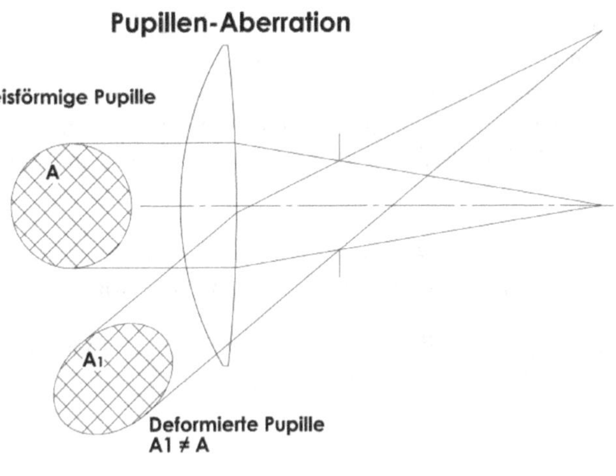

7. *Chromatische Aberration (Farbfehler)*

Wenn eine Optik unterschiedliche Brennweiten bzw. Abbildungsmaßstäbe für verschiedene Wellenlängen hat, nennt man dies chromatische Aberration. Bei Anwendungen mit monochromatischem Licht, z. B. Laser, spielt diese Aberration natürlich keine Rolle. Anders verhält es sich, wenn eine Optik für einen Wellenlängenbereich funktionieren soll, egal, ob im UV, VIS, NIR oder IR. Dann muss die Optik so beschaffen sein, dass sich alle für die Anwendung benötigten Wellenlängen in der Bildebene treffen.

Der Grund für chromatische Aberrationen ist die Brechungsindexänderung für unterschiedliche Wellenlängen.

Durch die geschickte Wahl von Materialien lassen sich diese auskorrigieren. Die zulässigen chromatischen Aberrationen hängen von der Anwendung und der Sensorik ab.

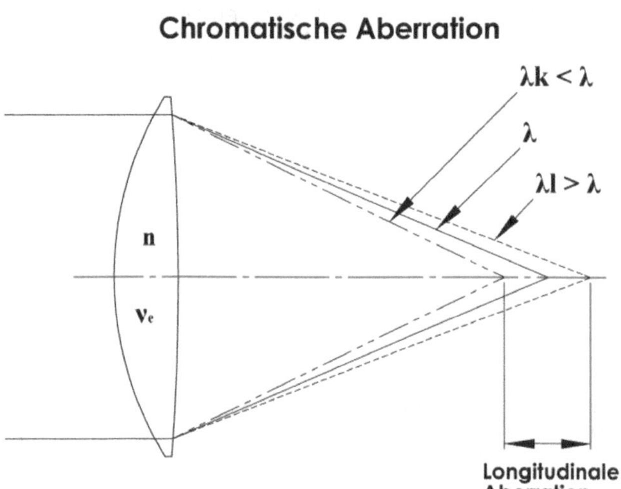

Refokussierung

In vielen Fällen lassen sich die nominellen Abbildungsfehler, die in der paraxialen Bildebene ermittelt werden, reduzieren, indem man refokussiert, d. h. die Bildebene etwas verschiebt, z. B.:

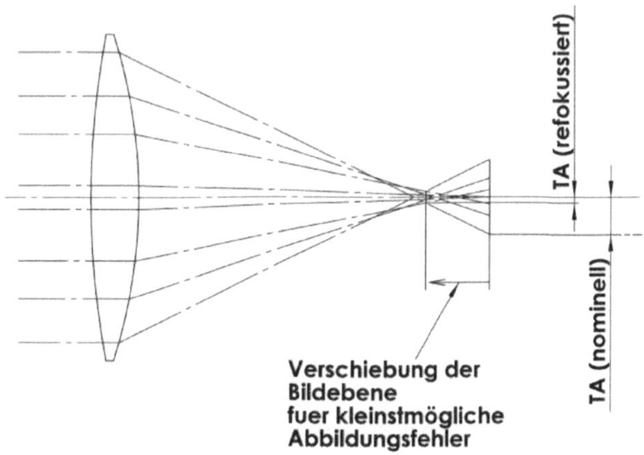

<u>*Literaturhinweise*</u>

Smith, Warren J.: Practical Optical System Layout. New York (McGraw-Hill) 1997.

Kingslake, Rudolf: Lens Design Fundamentals. San Diego (AP) 1978.

3.16 Quantitative und qualitative Beurteilung der Abbildung

Ob die Abbildungsgüte einer Optik der zugedachten Anwendung gerecht wird, ist eine der wichtigsten Feststellungen, die der Benutzer zu treffen hat. Man kann sich die einzelnen Aberrationen, soweit verfügbar, ansehen und eine Beurteilung treffen. Die einzelnen Aberrationen können als Zahlenwerte oder als Diagramme vorliegen, z. B.:

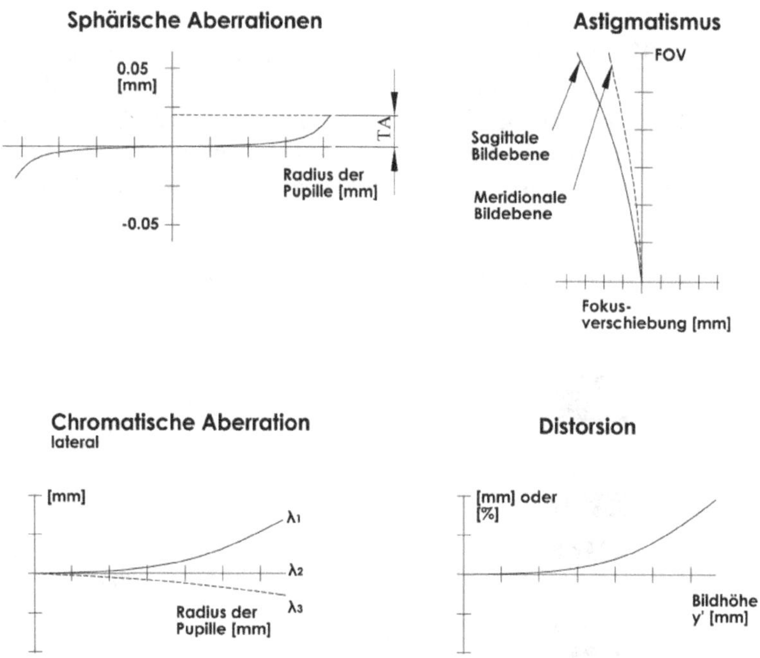

Es gehört schon einiges an Erfahrung dazu, diese einzelnen Aberrationen so auszuwerten, dass ein klares Bild vom Auflösungsvermögen der Optik entsteht. Im Diagramm für den Astigmatismus z. B. kann auch die Bildfeldkrümmung enthalten sein.

Für axiale Bildpunkte muss man die sphärischen und die chromatischen Aberrationen zusammenfassen, um das Punktbild quantitativ zu bestimmen. Außeraxiale Bildpunkte werden durch Koma, Astigmatismus, Bildfeldkrümmung und chromatische Aberrationen bestimmt. Diese Aberrationen überlagern sich und ergeben zusammen das Punktbild, welches es zu beurteilen gilt.

Distorsion und Pupillen-Aberration bewirken in erster Näherung keine Änderung des Auflösungsvermögens einer Optik. Diese werden gesondert betrachtet.

Das Auflösungsvermögen einer Optik lässt sich, indem man die Aberrationen zusammenfasst, mit der MTF (aus dem Engl. Modulation Transfer Function) beschreiben. Die MTF zeigt dem Anwender sofort, was er von der Optik, bezüglich des Auflösungsvermögens, zu erwarten hat. Die Funktionsweise der MTF lässt sich wie folgt darstellen:

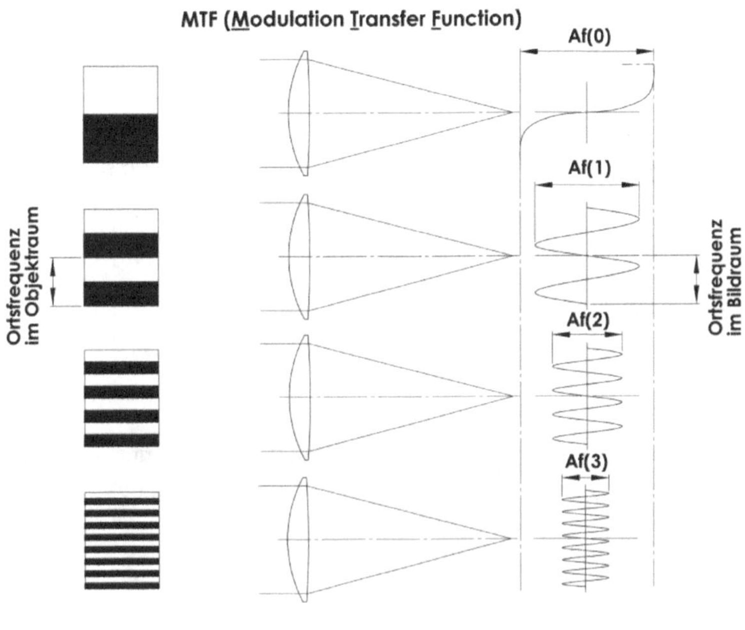

Eine Objektmodulation, z. B. hell/dunkel, stellt eine Frequenz dar. Im Idealfall ist sie eine Rechteckfunktion, die einer Fourierreihe entspricht:

$$y = \frac{4 \cdot a}{x} \cdot \left(\sin x + \frac{\sin(3 \cdot x)}{3} + \frac{\sin(5 \cdot x)}{5} + \frac{\sin(7 \cdot x)}{7} + \frac{\sin(9 \cdot x)}{9} + \cdots \right)$$

Da eine Optik eine Filterwirkung hat, werden hohe Ortsfrequenzen abgeschnitten und die unendliche Fourierreihe der Rechteckfunktion wird zu einer endlichen Funktion im Bildraum. Der plötzliche Übergang von hell zu dunkel im Objektraum wird nun etwas verwischt und mit zunehmender Ortsfrequenz im Objektraum wird auch die Amplitude der Abbildung im Bildraum kleiner.

Die MTF ist das Verhältnis der Amplituden zu der Maximalamplitude der Ortsfrequenz f≈0. Die Ortsfrequenz wird in lp/mm (linienpaare) oder in lp/rad angegeben.

$$MTF = \frac{A_{f(0)}}{A_{f(n)}}$$

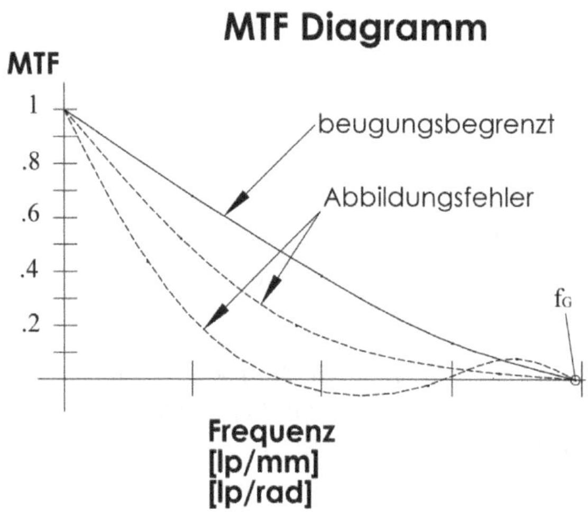

Die beugungsbegrenzte MTF, d. h. ohne Abbildungsfehler, lässt sich für eine kreisrunde Öffnung rechnen als:

$$\boldsymbol{MTF = \frac{2}{\pi} \cdot (\theta - \sin\theta \cdot \cos\theta)}$$

$$\boldsymbol{\theta = \cos^{-1}\left(\frac{\lambda \cdot f \cdot FNO}{1000}\right)} \qquad [\boldsymbol{rad}]$$

$$\boldsymbol{\lambda} = Wellenlänge \qquad [\boldsymbol{\mu m}]$$

$$f = Frequenz\ in\ der\ Bildebene \qquad [\frac{Linienpaare}{mm}]$$

$$FNO = relative\ Apertur \qquad [\frac{Brennweite}{Durchmesser}]$$

Die Grenzfrequenz, bei der die MTF=0 wird, ist:

$$\boldsymbol{f_G = \frac{1000}{\lambda \cdot FNO}}$$

Beispiel:

Eine Optik hat die Brennweite von 80 mm und eine Öffnung von 20 mm, also FNO=4. Die Wellenlänge ist λ=632.8 nm. Zu ermitteln ist die beugungsbegrenzte MTF.

Die beugungsbegrenzte MTF dieser Optik kann man z. B. für 3 Frequenzen ermitteln und mit diesen Werten ein Diagramm erstellen. Zuerst wird die Grenzfrequenz ermittelt:

$$f_G = \frac{1000}{\lambda \cdot FNO} = \frac{1000}{0.6328 \cdot 4} = 395\ \frac{lp}{mm}$$

Die zu ermittelnden 3 Frequenzen sind:

f_1=100; f_2=200; f_3=300

$$\theta_{f100} = \cos^{-1}\left(\frac{\lambda \cdot f \cdot FNO}{1000}\right) = \cos^{-1}\left(\frac{0.6328 \cdot 100 \cdot 4}{1000}\right) = 1.315 \quad [rad]$$

Die MTF ist:

$$MTF_{f100} = \frac{2}{\pi} \cdot (\theta - \sin\theta \cdot \cos\theta) = \frac{2}{\pi}(1.315 - sin(1.315) \cdot \cos(1.315) = 0.68$$

MTF_{f200} =0.384

$MTF_{f300} = 0.136$

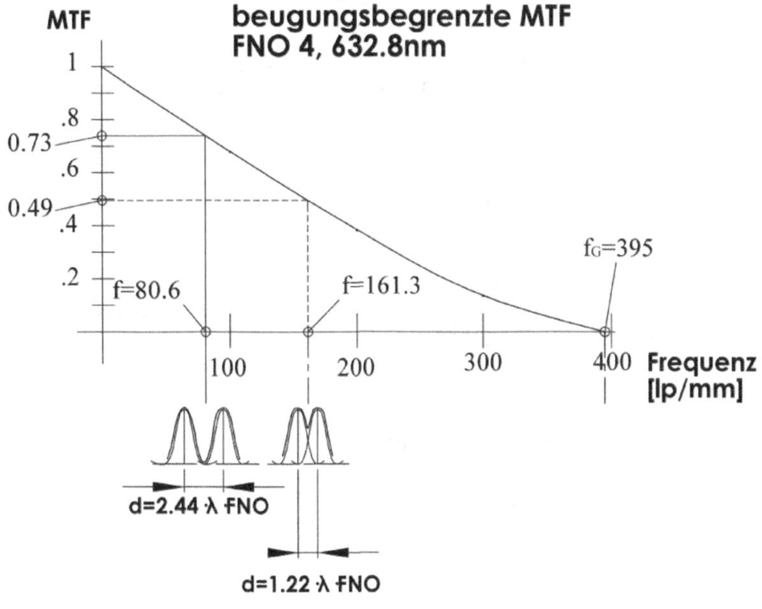

Da in diesem Beispiel die Optik keine Aberrationen aufweist, also beugungsbegrenzt ist, kann man das Auflösungsvermögen aus der Größe der beugungsbegrenzten Beugungsscheibe ableiten und diese ist:

$$\boldsymbol{d = 2.44 \cdot \lambda \cdot FNO = 2.44 \cdot 0.6328 \cdot 4 = 6.2\ \mu m}$$

Zwei Objektpunkte gelten als voll aufgelöst, wenn deren Bildpunkte wenigstens den Abstand von $d \geq 2.44 \cdot \lambda \cdot FNO$ haben.

Die Frequenz im Beispiel ist:

$$f = \frac{1}{0.0062\ mm} = 161.3 \frac{lp}{mm}$$

Dies entspricht einer $MTF \approx 0.49$.

Das Rayleigh-Kriterium gilt, wenn der Abstand der Bildpunkte

$d = 1.22 \cdot \lambda \cdot FNO = 3.1\ \mu m$ ist.

Die Frequenz, die dem Rayleigh-Kriterium im Beispiel entspricht, ist:

$$f_R = \frac{1}{0.0031\ mm} = 322.6 \frac{lp}{mm}$$

Dies entspricht einer $MTF \approx 0.15$.

Der Abstand der Bildpunkte, wenn die MTF=0 wird, lässt sich so zurückrechnen als:

$$d_{MTF(0)} = \frac{1}{2 \cdot f_G} = \frac{1}{2 \cdot 395 \frac{lp}{mm}} = 0.00127\ mm = x \cdot \lambda \cdot FNO \qquad und$$

$$x = \frac{d_{MTF(0)}}{\lambda \cdot FNO} = \frac{0.00127}{0.0006328 \cdot 4} = 0.5 \qquad d.h.$$

$$d_{MTF(0)} = 0.5 \cdot \lambda \cdot FNO$$

Eine Signalmodulation in der Bildebene wäre bis zu der Frequenz f_R mit einer MTF=0.49 im günstigsten Fall noch voll auflösbar. Um die Grenzauflösung eines Systems zu bestimmen, muss natürlich auch die Sensorik mit in Betracht gezogen werden. In der Regel ist es so, dass diese die Grenzfrequenz bestimmt. Ein Auflösungselement der Sensorik ist dasjenige, in welchem keine Modulationen mehr unterschieden werden, es werden einfach nur noch Photonen gesammelt. Man nennt diese entweder Pixel oder Zäpfchen (Auge) oder Körner (Film).

Beispiel:

Eine CCD-Kamera ist mit einer FNO 2.8 Optik bestückt. Die zentrale Wellenlänge für die Rechnung ist λ=0.55 µm . Die Pixelgröße im Sensor beträgt d_P=8 µm und ist quadratisch. Zu ermitteln ist das Auflösungsvermögen der Optik/Kamera-Einheit.

Die Grenzfrequenz der beugungsbegrenzten Optik ist:

$$f_G = \frac{1000}{\lambda \cdot FNO} = \frac{1000}{0.55 \cdot 2.8} = 649 \, \frac{lp}{mm}$$

Die MTF wird für 3 Frequenzen ermittelt:

f_1=150; f_2=300; f_3=450

Die MTF ist:

$$MTF_{f150} = \frac{2}{\pi} \cdot (\theta - \sin\theta \cdot \cos\theta) = \frac{2}{\pi}(1.338 - sin(1.338) \cdot \cos(1.338) = 0.71$$

$$MTF_{f300} = 0.43$$

$$MTF_{f450} = 0.19$$

Die Beugungsscheibe ohne Abbildungsfehler hat den Durchmesser:

$$d = 2.44 \cdot \lambda \cdot FNO = 2.44 \cdot 0.55 \cdot 2.8 = 3.8 \, \mu m$$

Sie ist also nur etwa halb so groß wie ein Pixel im Sensor.

Diese Optik muss also nicht beugungsbegrenzt sein, sie könnte noch Aberrationen aufweisen, ohne eine wesentliche Beeinträchtigung des Auflösungsvermögens zu bekommen.

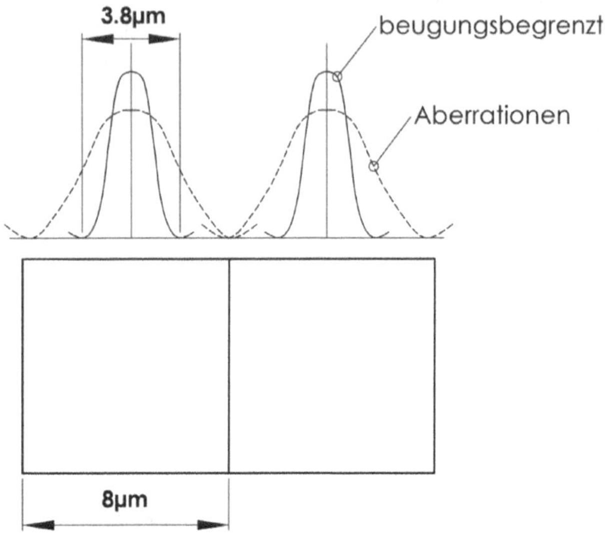

Die Grenzauflösung der Optik/Kamera-Einheit ist:

$$f_N = \frac{1}{2 \cdot d_P} = \frac{1}{2 \cdot 0.008} = 62.5\ \frac{lp}{mm}$$

Bis zu der Frequenz f_N ist sichergestellt, dass die Modulationen in der Bildebene im günstigsten Fall aufgelöst werden können:

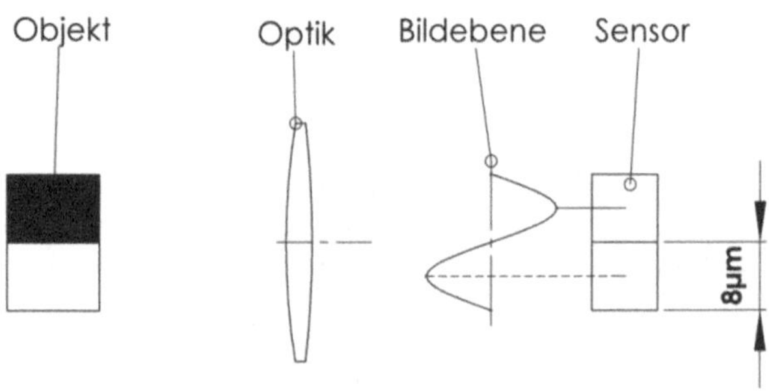

Das eine Pixel wird vom hellen Teil des Objekts beleuchtet und das danebenliegende Pixel wird vom dunklen Teil des Objekts beleuchtet. Somit ist das Objekt bei der Frequenz f_N noch klar auflösbar.

Die Frequenz f_N wird auch die Nyquist-Frequenz genannt, da sie sich aus dem Abtasttheorem von H. Nyquist ableitet.

Höhere Frequenzen bis $f = 2 \cdot f_N$ werden zwar auch noch aufgelöst, jedoch nicht mehr vollständig.

Für das Beispiel gilt, dass $f = 2 \cdot f_N = 2 \cdot 62.5 = 125 \frac{lp}{mm}$ ist. Das bedeutet, dass man mit der Optik/Kamera-Einheit bis zu einer Frequenz im Bildraum von 62.5 lp/mm Strukturen im günstigsten Fall vollständig erkennen kann. Zwischen den Frequenzen 62.5 lp/mm und 125 lp/mm kann man zwar noch Strukturen erkennen, aber man kann sie nicht mehr vollständig auflösen.

Darüber hinaus ist das Auflösungsvermögen abhängig von der Phasenlage des Objekts zu der Sensorik.

Dieser Effekt nennt sich Aliasing.

Einfach gesagt gilt, wenn der helle Objektpunkt auf ein Pixel liegt und der dunkle Objektpunkt auf das danebenliegende Pixel sich abbildet, dann ist diese Hell/Dunkel-Struktur von der Sensorik aufgelöst. Wenn sich aber nun die Sensorik oder das Objekt um ein halbes Pixel lateral verschiebt, dann sieht ein Pixel den halben hellen und den halben dunklen Objektpunkt. Das danebenliegende Pixel wird ebenfalls den halben hellen und den halben dunklen Objektpunkt sehen. Dies bedeutet, die zwei Pixel haben jetzt die gleiche Bildinformation und die Hell/Dunkel-Struktur des Objekts ist nicht mehr erkennbar, es wird MTF=0. Stattdessen wird das Objekt als ‘grauer’ Balken wiedergegeben.

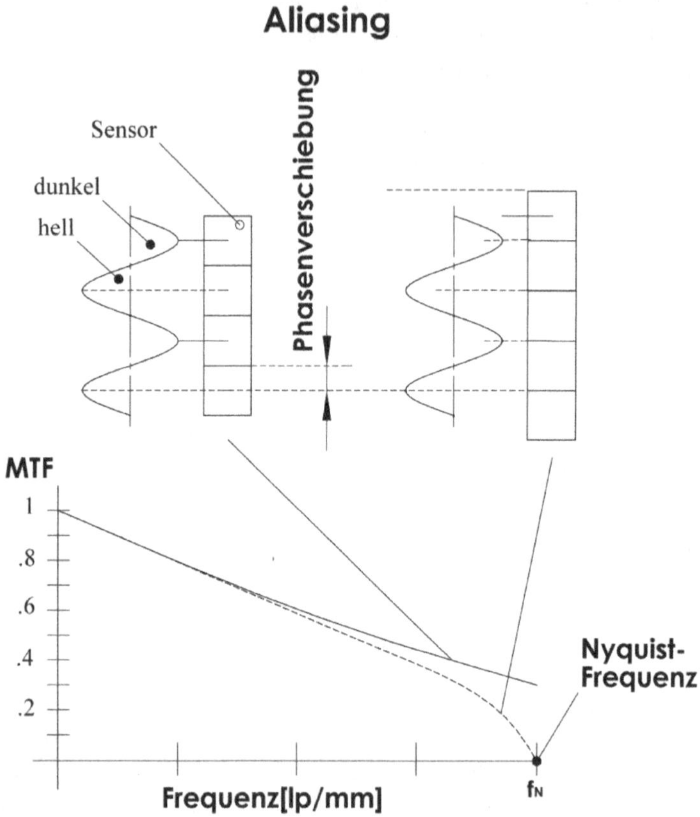

Das ist natürlich erst einmal verwirrend. Welche MTF wird denn der Anwender nun mit seiner Optik/Kamera-Einheit erzielen? Bei starren Aufbauten von Sensorik und Objekt kann es geschehen, dass im Bereich der Nyquist-Frequenz keine Auflösung des Objekts mehr erreicht wird, wenn die Phasenlage ungünstig ist. Doch es genügt eine kleine Verschiebung und schon ist die MTF-Welt wieder in Ordnung. Bei Anordnungen, bei denen Objekt oder Sensor in Bewegung sind, ist das halb so schlimm. Die Lage zueinander wird immer wieder eine volle Auflösung erlauben und eine Phasenverschiebung, die zu Auslöschung der Modulation führt, wird auch als solche erkannt.

Beispiel:

Ein CCD-Sensor hat 752x582 Pixel. Die Pixel sind rechteckig mit d_P = 10 µm (H) x 9.3 µm (V) Kantenlänge. Die zentrale Wellenlänge ist $\lambda = 0.58\,\mu m$.

Gesucht wird ein Objektiv mit der Brennweite 60 mm und einer Öffnung von 20 mm, also FNO=3.

Es stehen zwei Objektive zur Auswahl und ein Achromat (2 Linsen), die folgende MTF haben (Herstellerangaben):

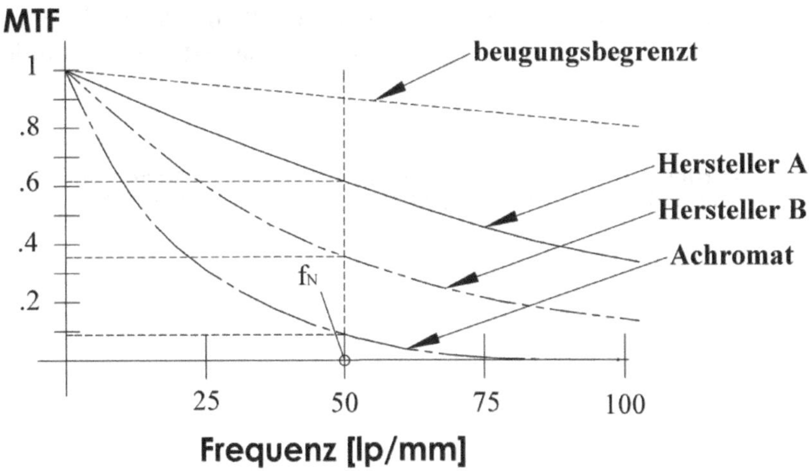

Zunächst benötigt man die Nyquist-Frequenz f_N, d. h., die Grenzauflösung. Nochmals zur Erinnerung, die kleinstmögliche optische Auflösung einer Struktur, z. B. hell/dunkel, kann nur durch mindestens zwei Pixel erfolgen, daher:

$$f_N = \frac{1}{2 \cdot d_P} = \frac{1}{2 \cdot 0.01\,mm} = 50\ \frac{lp}{mm}$$

Dies gilt für die Pixelgröße von 10 μm, die in diesem Fall horizontal ausgerichtet ist. Die Grenzauflösung vertikal muss man mit der Pixelgröße 9.3 μm rechnen.

Wenn man nun im MTF-Diagramm nachsieht, dann wird man folgende MTF-Werte bei der Frequenz $f_N = 50 \frac{lp}{mm}$ ermitteln:

Hersteller A:	MTF=0.62	entspricht zwei Punktbildern, die mit sehr gutem Kontrast aufgelöst werden.
Hersteller B:	MTF=0.36	entspricht zwei Punktbildern, die mit mäßigem Kontrast aufgelöst werden.
Achromat:	MTF=0.09	entspricht zwei Punktbildern, die mit sehr geringen Kontrast aufgelöst werden.

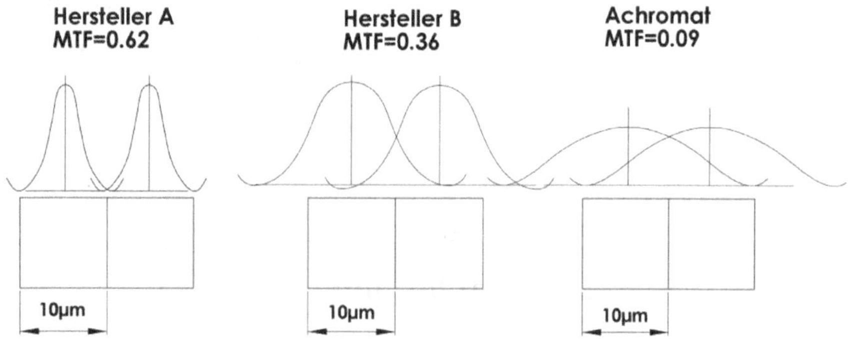

Das bedeutet, dass alle drei Objektive die Grenzfrequenz für axiale Objekte auflösen, jedoch in unterschiedlicher Qualität. Das Gesichtsfeld ergibt sich aus der Sensorgröße und der Brennweite der Optik. Die maximale Bildhöhe ist die halbe Diagonale des Sensors:

$$y' = \frac{\sqrt{(752 \cdot 0.01)^2 + (582 \cdot 0.0093)^2}}{2} = 4.6\ mm$$

Das halbe Gesichtsfeld ist dann:

$$\omega = \tan^{-1}\left(\frac{y'}{f}\right) = \tan^{-1}\left(\frac{4.6}{60}\right) = 4.4°$$

Für außeraxiale Objekte sieht die MTF wie folgt aus (Herstellerangaben):

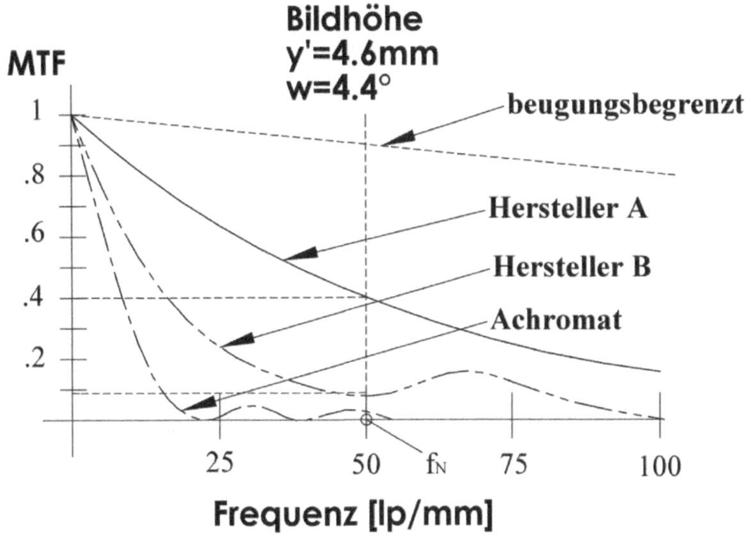

Hersteller A: MTF=0.4 am Bildrand ist immer noch eine gute Auflösung der Grenzfrequenz sichtbar. Dieses Objektiv hat eine recht homogene Bildqualität über das gesamte Gesichtsfeld.

Hersteller B: MTF=0.09 am Bildrand ist die Grenzfrequenz gerade noch auflösbar. Das starke Absacken der MTF schon bei niedrigeren Frequenzen ist ein Hinweis darauf, dass auch größere Objekte etwas kontrastschwach erscheinen werden. Die Bildqualität, die auf der Achse recht gut ist, erfährt eine merkbare Verschlechterung mit zunehmenden Gesichtsfeld.

Achromat:	MTF≈0	da der Achromat nicht für ein größeres Gesichtsfeld auskorrigiert ist, fällt das Auflösungsvermögen schon bei niedrigen Frequenzen stark herunter. Diese Optik ist fast nur für die Abbildung von achsnahen Objekten brauchbar.

<u>*Literaturhinweise*</u>

Smith, Warren J.: Practical Optical System Layout. New York (McGraw-Hill) 1997.

Kingslake, Rudolf: Lens Design Fundamentals. San Diego (AP) 1978.

3.17 Optische Beschichtungen, Filter

Die Reflexion an optisch transparenten Flächen, die auch Fresnelsche Reflexion heißt, kann zweierlei bewirken:

Zum einem wird ein Teil der einkommenden Energie, die im betrachteten Strahlengang enthalten ist, verloren gehen. Bei einer Folge von z. B. 5 Linsen, also 10 Flächen mit n=1.52 (4.3% Reflexion pro Fläche), wäre die Transmission dann:

$$\boldsymbol{T \approx (1 - R)^x \approx (1 - 0.043)^{10} \approx 0.64}$$

Nur etwa 64% der Energie wären nach dem Durchgang durch das Linsensystem noch vorhanden.

Weiterhin kann der reflektierte Anteil an einer anderen Fläche wieder zurückreflektiert werden und im ungünstigsten Fall sich in der Nähe der Bildebene wieder abbilden. Dies wäre dann ein Geisterbild.

Um die Energieverluste zu verringern und um Geisterbilder zu verhindern, benutzt man den Effekt der Interferenz, siehe auch Beugung am Spalt.

Interferenz entsteht, wenn sich zwei Wellenzüge, die die gleiche Richtung haben, überlappen. Wenn diese eine halbe Phase, d. h. $\lambda/2$, zueinander verschoben sind, dann löschen sie sich gegenseitig aus.

Nun betrachtet man erstmals den reflektierten Anteil, der steht noch alleine da. Weit und breit ist keine zweite Wellenfront in Sicht, mit der er Interferenz bilden könnte. Diese muss man erst erschaffen, damit die Einsamkeit ein Ende hat. Dies geschieht, indem man eine dünne Schicht optisch transparenten Materials auf das Substrat aufträgt. Diese Schicht muss natürlich einen anderen Brechungsindex als das Substrat haben, es handelt sich dabei meistens um dielektrische Materialien. So entstehen nun zwei Übergangsflächen, z. B. Luft zu dünne Schicht und dünne Schicht zu Substrat. Da die Fresnelsche Reflexion nun mal an Übergangsflächen von verschiedenen Brechungsindices auftritt, hat man jetzt zwei Wellenfronten, da nun zwei Übergangsflächen vorhanden sind.

Zwei Wellenfronten, die die gleicheAusbreitungsrichtung haben,kann man zur Interferenz bringen. Mit der Dicke der aufgebrachten dünnen Schicht kann man die Phasenlage der zwei Wellenfronten zueinander beeinflussen. Um Auslöschung zu erreichen, muss man eine Phasenverschiebung von $\lambda/2$ bekommen. Die Dicke der Schicht muss also $\lambda/4$ betragen, da die Wellenfront die Schicht zweimal passiert. Das erste Mal beim Hindurchgehen, das zweite Mal nach der Reflexion an der Übergangsfläche dünne Schicht zu Substrat.

Um eine vollkommene Auslöschung bei der Interferenz der zwei Wellenfronten zu erreichen, müssen die Amplituden in den Wellenfronten auch gleich sein. Dies kann man durch die Wahl des Brechungsindex der dünnen Schicht erreichen.

Bei senkrechtem Lichteinfall gilt idealerweise:

$$\left(\frac{n_2-n_1}{n_2+n_1}\right)^2 = \left(\frac{n_1-n_0}{n_1+n_0}\right)^2$$

$$(n_2 - n_1) \cdot (n_1 + n_0) = (n_1 - n_0) \cdot (n_2 + n_1)$$

$$(n_1)^2 = n_0 \cdot n_2$$

$$\boldsymbol{n_1 = \sqrt{n_0 \cdot n_2}}$$

n_0 = Brechungsindex des ersten Mediums
n_1 = Brechungsindex der Dünnschicht
n_2 = Brechungsindex des Substrates

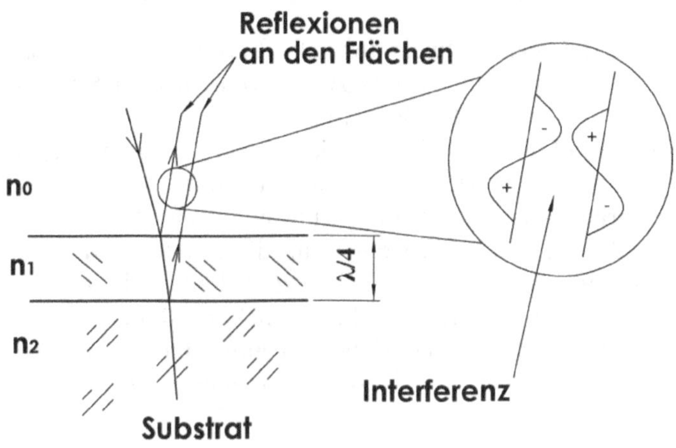

Diese Art von Beschichtung ist für nur eine Wellenlänge optimiert, da $\lambda/4$ nun mal nur für die Wellenlänge λ gilt. Kürzere oder längere Wellenlängen werden nicht mehr exakt um eine halbe Phase zueinander verschoben sein. Dies bedeutet, dass ihre Interferenzen sich nicht mehr ganz auslöschen.

Angenommen, das Substrat hat einen Brechungsindex von n=1.52, dann wäre der ideale Brechungsindex der dünnen Schicht:

$$n_1 = \sqrt{n_0 \cdot n_2} = \sqrt{1 \cdot 1.52} = 1.23$$

$$\mathbf{n_0 = 1\ (Luft)}$$

Die Reflexion an der Fläche als Funktion der Wellenlänge sieht dann idealerweise folgendermaßen aus (λ=550 nm):

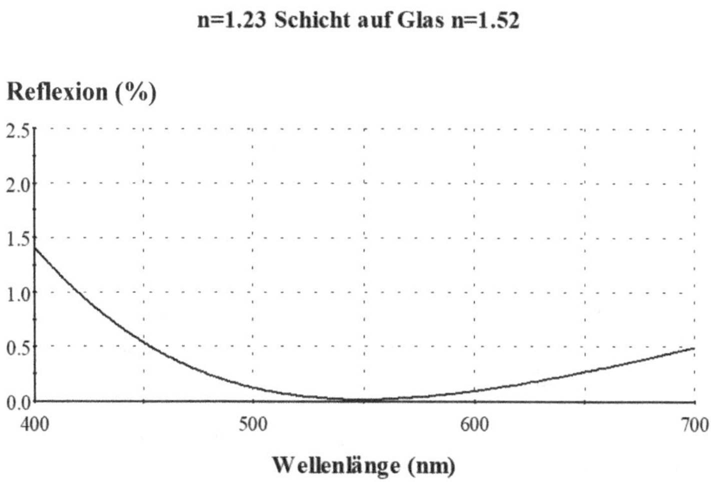

Nun muss man nur noch ein Material mit n=1.23 besorgen und dieses mit Hilfe einer Beschichtungsanlage auf das Substrat aufbringen und die Reflexion an der Fläche ist weg, zumindest für die spezifizierte Wellenlänge λ.

Soweit es die theoretischen Überlegungen anbelangt, wäre nun alles in Ordnung. Doch man wird bei der Suche nach dem n=1.23-Material sehr schnell feststellen, dass es dieses gar nicht gibt. Bei der Suche nach einem Material mit sehr niedrigem Brechungsindex wird man auf MgF_2 (n=1.38) oder Na_3AlF_6 (n=1.35) stoßen. Wenn man sich nun z. B. für MgF_2 entscheidet, dann sieht die Reflexion an der Fläche als Funktion der Wellenlänge folgendermaßen aus:

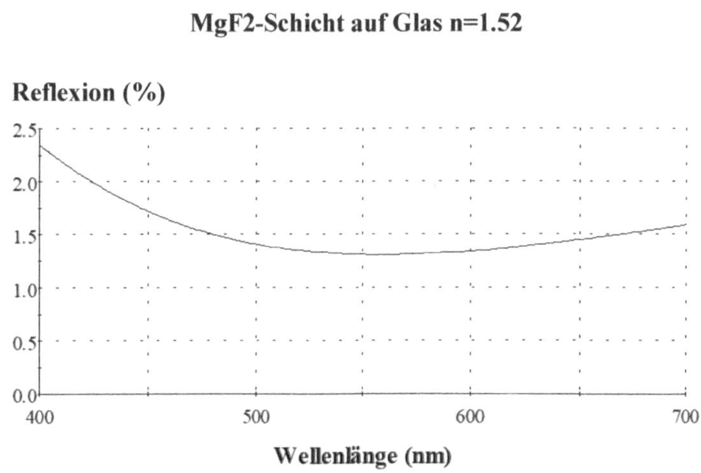

Bei λ=550 nm beträgt die Reflexion an der Fläche etwa 1.3%. Dies ist schon eine deutliche Verbesserung gegenüber 4.3% Reflexion bei einem unbeschichteten Substrat.

Bei dem Beispiel mit den 5 Linsen (10 Flächen) wäre die Transmission nach der Beschichtung mit MgF_2 (λ/4 Schicht) :

$$\boldsymbol{T \approx (1 - R)^x \approx (1 - 0.013)^{10} \approx 0.88}$$

Man kann bei der optimalen Abstimmung der Dünnschicht zum Substrat natürlich auch einen anderen Weg gehen. Man nimmt den Brechungsindex n_1 der Dünnschicht als gegeben und berechnet, welches Substrat am besten dazu passt :

$$n_2 = \frac{n_1^2}{n_0} = \frac{1.38^2}{1} = 1.9$$

Die Auswahl an Gläsern mit einem so hohen Brechungsindex n=1.9 ist nicht besonders hoch, und außerdem sind Gläser in diesen Regionen recht teuer.

Deswegen ist diese Vorgehensweise eher die Ausnahme. In der Regel ist das Substratmaterial gegeben und die Beschichtung ist dann dem Substrat, den Anforderungen und dem Geldbeutel angepasst.

Einfache λ/4 Schichten sind in der Optik sehr verbreitet, da sie schon eine spürbare Verbesserung gegenüber unbeschichteten Systemen bringen. Da es sich hierbei nur um eine einzige aufgebrachte Schicht handelt, sind sie auch recht preisgünstig.

Doch es geht noch besser. Wenn höhere Anforderungen an ein System gestellt sind, bezüglich der Restreflexion an der Fläche und der Bandbreite, dann kommen Mehrschichtsysteme zum Einsatz.

Bei Mehrschichtsystemen werden verschiedene Materialien abwechselnd auf das Substrat aufgebracht, oft eine Kombination von einem niedrigbrechenden und einem hochbrechenden Material, z. B. MgF_2 / Al_2O_3. So entstehen nun mehrere Übergänge, an denen interferenzfähige Reflexionen entstehen. Das Prinzip ist das gleiche, wie bei der einfachen λ/4 Schicht, doch das Zusammenspiel der Reflexionen ist natürlich viel komplexer.

Die Berechnung solcher Mehrschichtsysteme ist mit entsprechender Software nicht mal so schwer erlernbar, doch dies ist nur ein Teil der Geschichte. Es gehört auch ein tiefes Wissen über die verwendeten Materialien dazu. Man muss wissen, welche Materialien man kombinieren kann, ob Bindungsschichten nötig sind, wie vermeidet man Oberflächenspannungen, welches Aufdampfverfahren verwendet wird, usw.

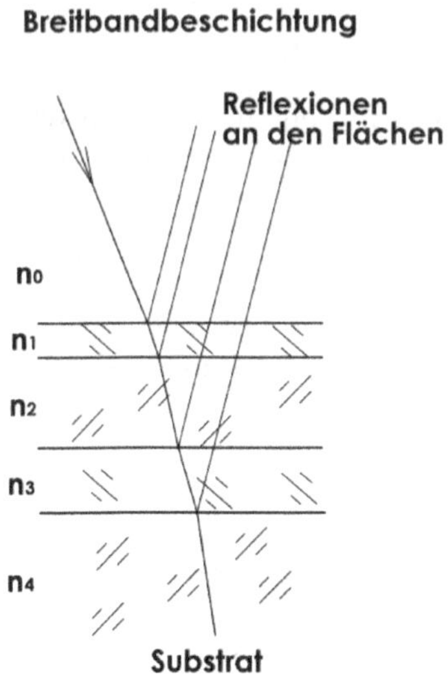

Die Restreflexion an der Fläche bei einem Mehrschichtsystem kann dann so aussehen:

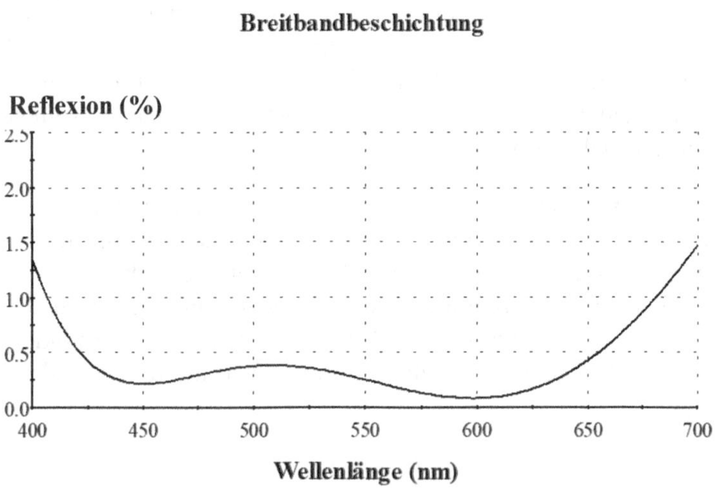

Diese Art von Dünnschicht nennt man auch Breitbandentspiegelung. Doch wie breitbandig kann so eine Beschichtung sein? Bei Anwendungen im sichtbaren Bereich (VIS), also 400 nm bis 700 nm, kann ein gutes Schichtsystem durchaus eine durchschnittliche Reflexion kleiner 1% erreichen.

Will man eine Beschichtung, die breitbandiger ist, die z.B Teile im Ultravioletten (UV) oder im nahen Infrarot (NIR) mit abdeckt, dann wird die Beschichtung natürlich aufwendiger.

Man kann Beschichtungen auch so ausführen, dass sie als Kantenfilter oder Schmalbandfilter wirken. Kantenfilter wirken so, dass sie ab einer gewählten Wellenlänge ihr Transmissionsverhalten ändern. Ein Sperrfilter für NIR wird z. B. für Strahlung im VIS eine gute Transmission haben. Ab einer Wellenlänge von etwa 700nm wird dieser Filter von einer Transmission von über 90% auf eine Transmission von nahezu 0% abfallen, d. h. Strahlung aus dem NIR kann nicht mehr passieren. Die Steigung der Kante ist ein wichtiges Kriterium für die Qualität des Filters. Kantenfilter sind in der Regel aus einer Folge von λ/4 Schichten aufgebaut, wobei sich ein niedrigbrechendes Material mit einem hochbrechenden Material immer abwechseln.

Kantenfilter

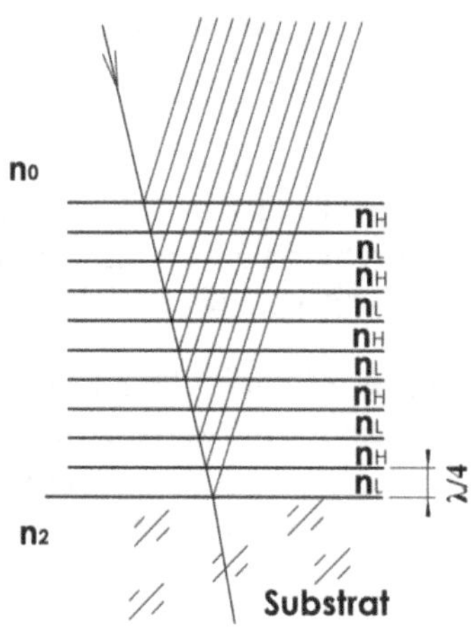

Die Transmission eines Kantenfilters mit 50 Schichten kann folgendermaßen aussehen:

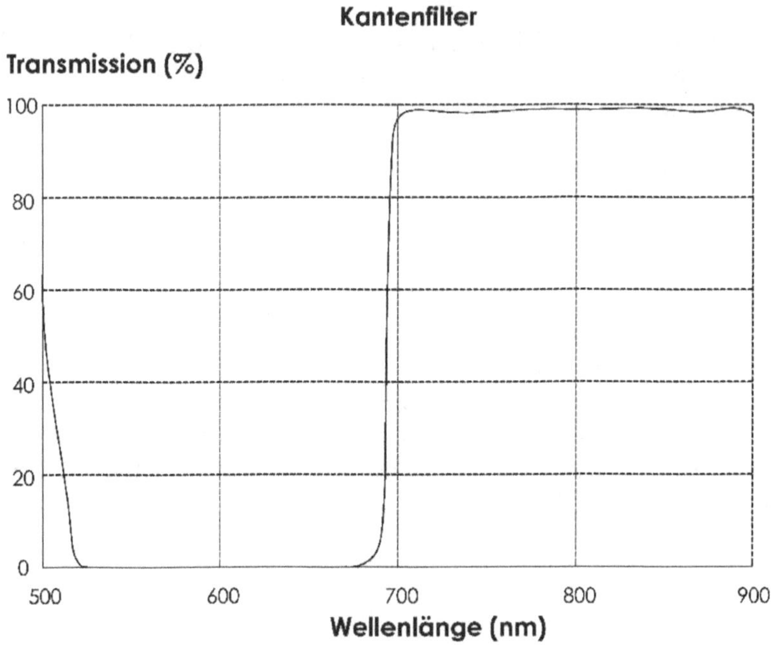

Ein weiterer wichtiger Aspekt bei einem Kantenfilter ist, wie breit der Sperrbereich bzw. der Durchlassbereich ist. Im obigen Beispiel ist der wirksame Sperrbereich von 530 nm bis 690 nm.

Schmalbandfilter lassen nur einen definierten Wellenlängenbereich durch, die Wellenlängen davor und die dahinter werden gesperrt. Sie werden oft im Zusammenhang mit Laser verwendet. Die Breite des Transmissionsfensters von Schmalbandfiltern kann bis zu wenigen Nano-metern betragen.

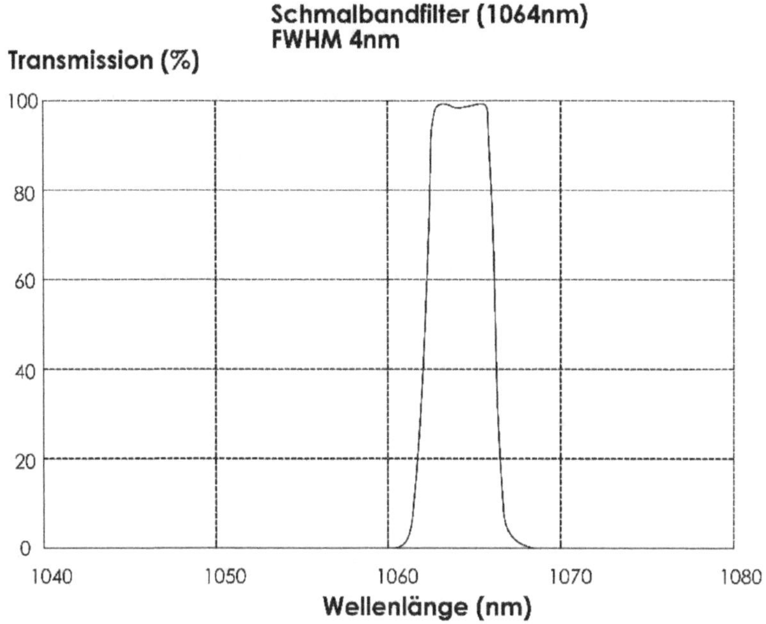

Die Breite dieses Schmalbandfilters beträgt FWHM 4nm (aus dem Engl. Full With-Half Maximum).

Optische Beschichtungen, die als Strahlteiler funktionieren, können in polarisierende und unpolarisierende Schichten unterteilt werden. In der Regel sind sie für einen Einfallswinkel von 45° optimiert. Doch auch andere Winkel können realisiert werden, je nach Anwendung. Das Verhältnis zwischen reflektiertem und durchgehendem Teil ist ebenfalls je nach Anwendung zu wählen.

Ein unpolarisierender Strahlteiler (50/50) sieht in der Transmission folgendermaßen aus:

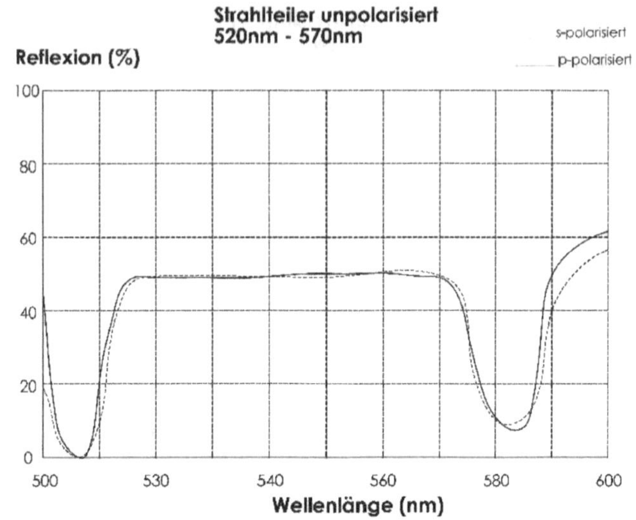

Die Transmission von einem polarisierenden Strahlteiler (50/50) sieht folgendermaßen aus:

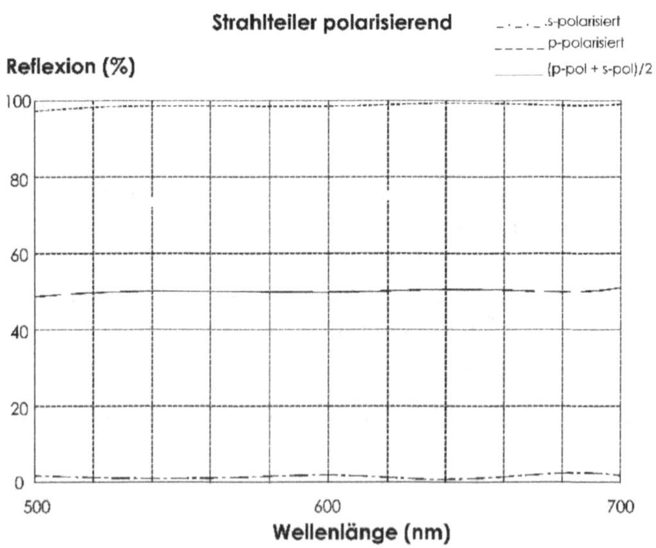

Die Reflexions- bzw. die Transmissionswerte einer Beschichtung beziehen sich immer auf einen vorgegebenen Einfallswinkel relativ zur Flächen-normalen. Doch in der Anwendung ist es oft nicht zu vermeiden, dass der Einfallswinkel nicht konstant ist, wie z. B. bei einer Linse.

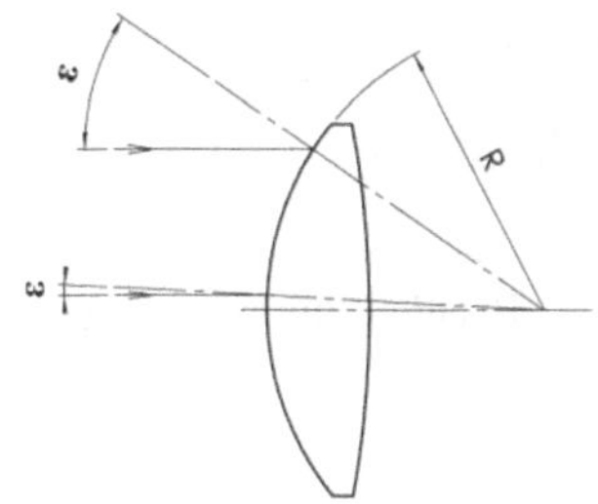

Angenommen, die Beschichtung ist für einen Einfallswinkel ε = 0° ausgelegt. Nun wird sie auf eine gekrümmte Linsenfläche aufgebracht und es ist gleich ersichtlich, dass ε = 0° nur für die Mitte der Linse gilt. Die andere einfallende Strahlung hat einen Winkel zur Flächennormalen, der ε ≠ 0° ist. Nun stellt sich die Frage, bis zu welcher Abweichung von ε liefert die Beschichtung noch gute Werte. Genau genommen kann dies nur der Hersteller der Beschichtung beantworten, da es vom Schichtdesign abhängt, doch einige typische Werte sind:

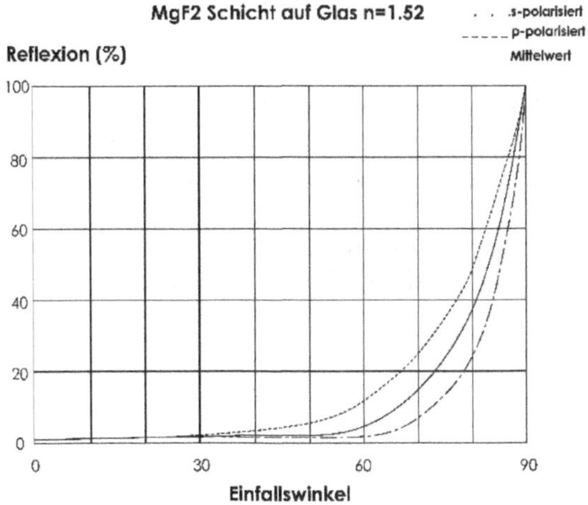

Bei einer einfachen $\lambda/4$ Schicht auf n=1.52 Glas steigt die Reflexion auf 4% an, wenn $\varepsilon \approx 55°$ ist. Dies wäre dann in etwa der Reflexionswert, den das unbeschichtete Substrat hätte. Es ist auch gut erkennbar, wie Polarisationseffekte bei der Reflexion auftreten.

Diese Schicht läßt recht große Änderungen von ε zu, bevor sich die Transmissionänderungstark bemerkbar macht.

Nun eine Breitbandbeschichtung:

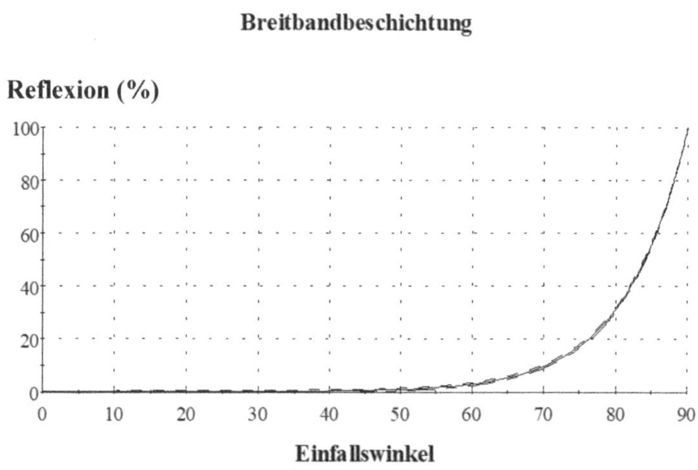

Die Reflexionsänderung in Abhängigkeit von dem Einfallswinkel ε ist bei dieser Breitbandbeschichtung vergleichbar mit den Werten der $\lambda/4$ Schicht. Was jedoch auffällt ist, dass kaum Polarisation auftritt.

Kantenfilter zeigen einen zusätzlichen Effekt, wenn der Einfallswinkel ε sich ändert: Sie verschieben ihre Kante horizontal zu kürzeren Wellenlängen hin.

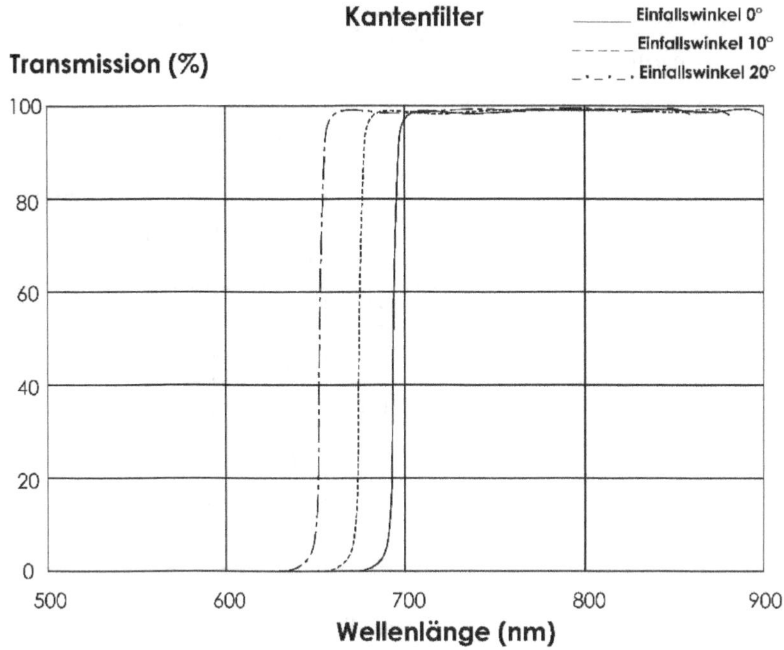

Die Konsequenz ist, dass man sich den Strahlengang gut ansehen muss, in dem der Kantenfilter wirken soll. Ideal wäre paralleler Strahlengang, der über die gesamte Apertur den Wert $\varepsilon = 0°$ garantiert. Wenn dies nicht möglich ist, dann sollte man die Stelle mit der kleinstmöglichen Divergenz bzw. Konvergenz im Strahlengang suchen. Im Zweifelsfall sollte man von dem Hersteller des Filters Angaben zu der Kantenverschiebung als Funktion des Einfallwinkels verlangen.

Bei Schmalbandfiltern ist es noch kritischer. Diese sollte man am besten nur im parallelen Strahlengang unterbringen, da sie durch ihre schmale Bandbreite sehr schnell aus dem Bereich der benutzten Wellenlänge geschoben werden.

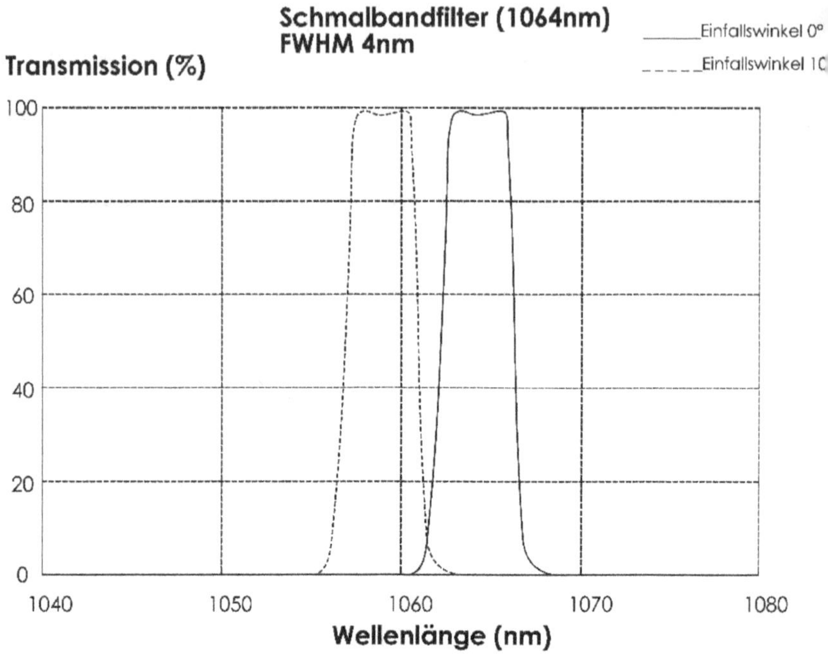

Optische Beschichtungen können auch zur Reflexionserhöhung eingesetzt werden, d. h. zur Herstellung von Spiegeln.

Hier kann man zwischen zwei Vorgehensweisen wählen. Die eine wäre, Metallschichten auf ein Substrat aufzubringen und so eine reflektierende Fläche zu erzeugen. Die andere Möglichkeit wäre, Schichtsysteme, d. h. Interferenzschichten, mit dielektrischen Materialien herzustellen.

Metallschichten können z.B. Aluminium (Al), Silber (Ag), Gold (Au) oder eine Vielzahl anderer Metalle sein.

Die Substrate können aus Glas, Keramik oder Metall sein.

Die Reflexion einiger Metallspiegel sieht folgendermaßen aus:

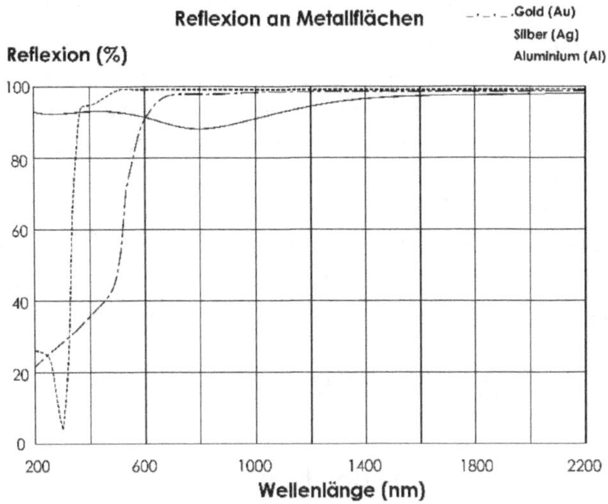

Aluminiumspiegel haben eine leichte Absorption im UV und im VIS. Bei etwa 850 nm tritt eine etwas stärkere Absorption auf, doch im weiteren NIR und IR wird sie deutlich geringer. Die Absorption läßt sich durch Interferenzschichten nicht komplett wegrechnen und deswegen sind Al-Spiegel für Anwendungen, bei denen eine hohe Reflexion gefordert wird, nicht geeignet. Hochenergie- Laser und Al-Spiegel würden nicht zusammen passen, da die absorbierte Energie den Spiegel zerstören würde. Al-Spiegel sind für den UV-Bereich einsetzbar.

Eine wesentlich bessere Reflexion haben Silberspiegel. Sie können wie Al-Spiegel bis ins IR (12 µm) weit eingesetzt werden. Doch leider hapert es bei Silberspiegeln mit der Reflexion im UV.

Goldspiegel haben sehr gute Reflexionseigenschaften im NIR und im IR, wo sie auch viel eingesetzt werden. Im VIS sind Goldspiegel aber kaum zu gebrauchen, da sie starke Absorption in Richtung kürzerer Wellenlängen haben. Daher die Farbe Gold, da nur noch ein Gelb-Rot-Anteil reflektiert wird.

Die genannten Metalle sind recht weich, und um sie vor mechanischer Beschädigung und Oxidation (Ag, Al) zu schützen, werden sie zusätzlich noch mit einer meist dielektrischen Schutzschicht, z. B. MgF_2, versehen.

Da jede aufgebrachte Schicht eine zusätzliche Übergangsfläche bildet, bei der die Fresnelsche Reflexion auftritt, muss man sich auch hier Gedanken über eine optimale Ausführung der Schicht machen. Im Gegensatz zu der reflexmindernden Beschichtung will man bei einem Spiegel eine Reflexionserhöhung. Das bedeutet folgerichtig, dass sich die Reflexionen nicht durch $\lambda/2$ Phasenverschiebung auslöschen sollen, sondern sie sollen sich idealerweise durch eine λ Phasenverschiebung addieren. Um dies zu erreichen, muss eine $\lambda/2$ Schicht aufgebracht werden. Der optische Weg ist dann einmal durch die Schicht, dann Reflexion und wieder zurück durch die Schicht, d.h. $2 \cdot \lambda / 2 = \lambda$.

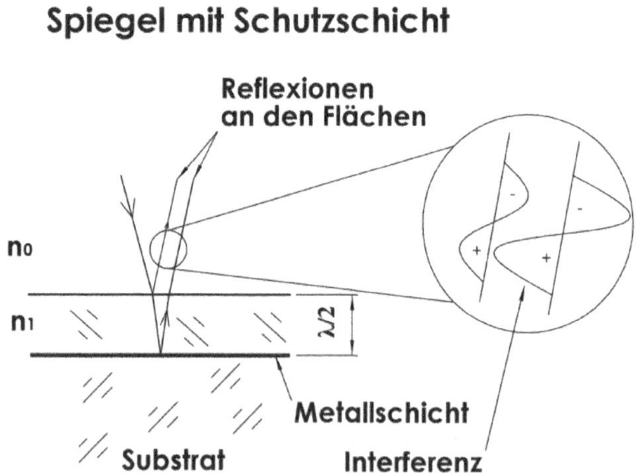

Die Amplitude der Reflexion am n_0/n_1-Übergang ist deutlich kleiner, als die Reflexion an der Metallschicht. Doch dies tut der Tatsache, dass die Amplituden sich addieren, den Regeln der Interferenz folgend, keinen Abbruch. Die $\lambda/2$-Schicht wird keine wesentliche Reflexionserhöhung bewirken, sie ist in erster Linie eine Schutzschicht. Für kürzere oder längere Wellenlängen wie λ wird sich die Reflexion sogar etwas verschlechtern, da für diese Wellenlängen die $\lambda/2$-Beziehung nicht mehr stimmt.

Wenn eine Reflexionserhöhung erreicht werden soll, dann muss ein Mehrschichtsystem aufgebracht werden. Reflexionswerte wie $R > 96\%$ sind dann möglich.

Für Anwendungen, bei denen eine sehr hohe Reflexion benötigt wird, z. B. Laserspiegel, muss man die Absorption von Metallen besonders im UV, VIS und NIR vermeiden. Spiegel für diese Anforderungen werden aus dielektrischen Materialien meistens auf Glas oder Glaskeramik Substraten hergestellt. Sie werden in einer Folge von Interferenzschichten angeordnet und es lassen sich so Reflexionswerte bis 99.9% erreichen.

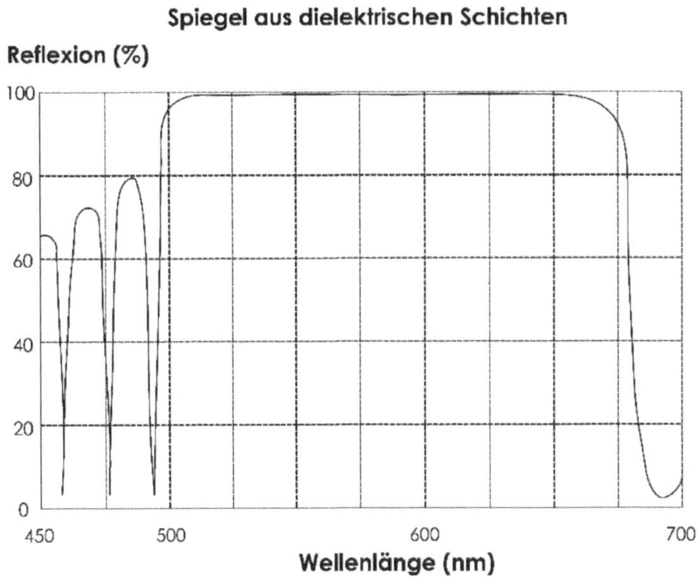

Es gibt natürlich noch eine Vielzahl anderer Schichtsysteme in der Optik, die aber meistens nach den gleichen Regeln der Interferenz funktionieren.

Wenn ein Anwender eine Beschichtungsart für seine Optik gewählt hat, dann sollte er noch ein Augenmerk darauf richten, unter welchen äusseren Bedingungen die Optik eingesetzt wird. Es sollte geklärt werden, ob Verschmutzung stattfindet und anschließende Reinigung nötig ist, ob aggressive Medien an die Optik gelangen oder ob hohe Temperaturschwankungen auftreten.

Es gibt Schichtsysteme, die nur wenige Reinigungszyklen überstehen würden und andere wieder, die selbst einen Putzlappen nicht wahrnehmen.

Literaturhinweise

Macleod, H Angus: Thin-Film Optical Filters. London (IOP) 2001.

Macleod, H Angus: Essential Macleod, Optical Coating Design Program.

3.18 Katalogoptik

Die kostengünstige Herstellung optischer Komponenten ist, wie auch bei anderen Gütern, nicht zuletzt eine Frage der Stückzahl. Der Stückpreis in einer Serienfertigung wird geringer sein als der bei der Einzelfertigung. Einige Optikhersteller haben daher ein Lieferprogramm von fertig konfektionierten Optiken aufgebaut. Sie bieten Linsen, Spiegel, Prismen oder Filter an, die in Serie hergestellt, preisgünstiger und schneller verfügbar sind als die nach Kundenspezifikation hergestellten Einzelstücke. Diese Katalogoptiken sind nach Brennweiten und Abmessungen gestaffelt, respektive Filter nach deren Filterwirkung. Das bedeutet, der Benutzer hat unter Umständen eine recht gute Auswahl an Optiken für seine Anwendung.

Die für eine Auswahl wohl wichtigsten Größen sind die Brennweite und die freie Öffnung. Will man jedoch für eine Linsenfolge die paraxiale Strahlengangsrechnung durchführen, dann benötigt man dafür weitere Daten, wie die Radien, Linsendicke und den Brechungsindex. Einige dieser Daten sind nicht immer in den Katalogen angegeben, lassen sich aber meistens aus den gegebenen Daten berechnen. Die gegebenen Daten gelten, sofern nicht anders angegeben, wenn das Medium beiderseits Luft ist.

Bei optischen Komponenten ist insbesondere die Auswahl an Linsen recht groß, wobei sich diese jedoch auf einige Grundformen beschränken.

Die gebräuchlichsten sind:

- Plankonvex, Plankonkav.

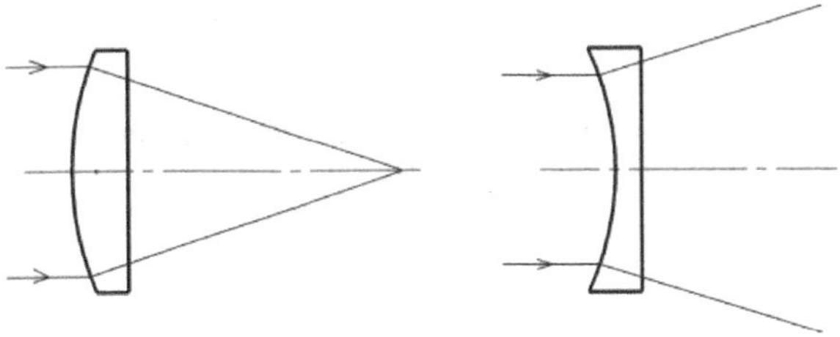

Der Linsenradius bei gegebener Brennweite [f] und Brechungsindex [n] ist:

$$\boldsymbol{R = (n-1) \cdot f}$$

- Symmetrisch Bikonvex, Bikonkav. Linse bester Form für 1:1 Abbildung.

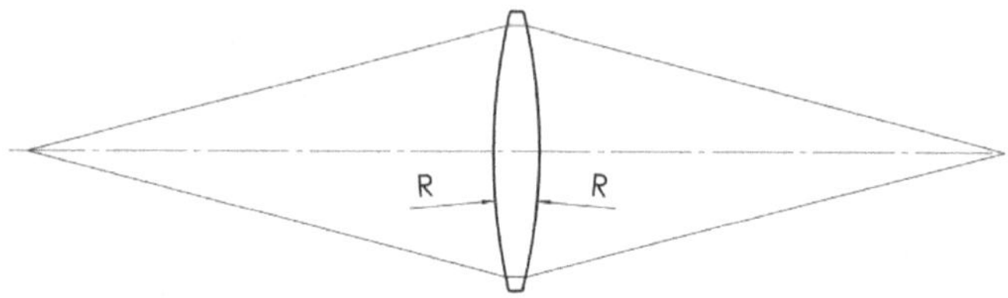

Der Linsenradius bei gegebener Brennweite [f], Mittendicke [d] und Brechungsindex [n] ist:

$$\boldsymbol{R = (n-1) \cdot f + \sqrt{[(n-1) \cdot f]^2 - \frac{(n-1)^2}{n} \cdot f \cdot d}}$$

- Linse bester Form für parallelen Strahlengang. Werden meistens als Fokussieroptik für Laser genutzt.

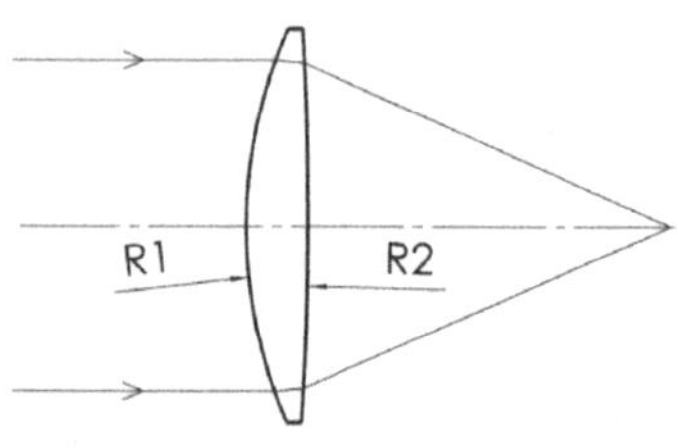

Die Linsenradien für dünne Linsen bei gegebener Brennweite [f] und Brechungsindex [n] sind:

$$\boldsymbol{R_1 = \frac{2 \cdot n^2 + 2 \cdot n - 4}{2 \cdot n^2 + n} \cdot f}$$

$$R_2 = -\frac{R_1 \cdot (n-1)}{\frac{R_1}{f} - (n-1)}$$

- Meniskus-Linse. Wenn sie eine längere Brennweite haben, kann man sie zur Brennweitenabstimmung einsetzen, da sie kaum zusätzliche sphärische Aberrationen und Koma einbringen.

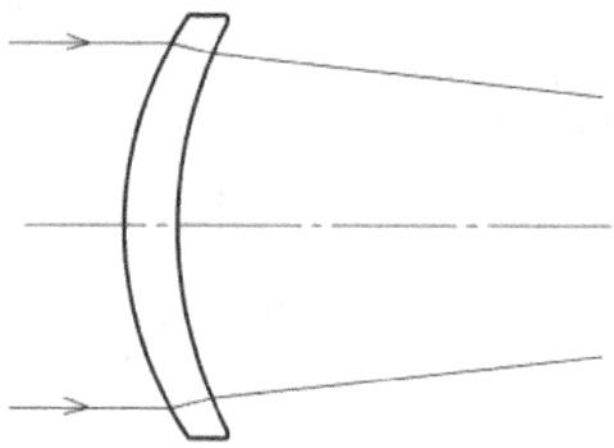

- Achromat. Die Radien bei einem Achromaten folgen keiner eindeutigen physikalischen Gesetzmäßigkeit und sind von Hersteller zu Hersteller unterschiedlich. Wenn ein Achromat in einer paraxialen Strahlrechnung eingesetzt werden soll und keine Radienwerte in Katalogen oder Datenblättern angegeben werden, dann sollte man diese vom Hersteller erfragen.

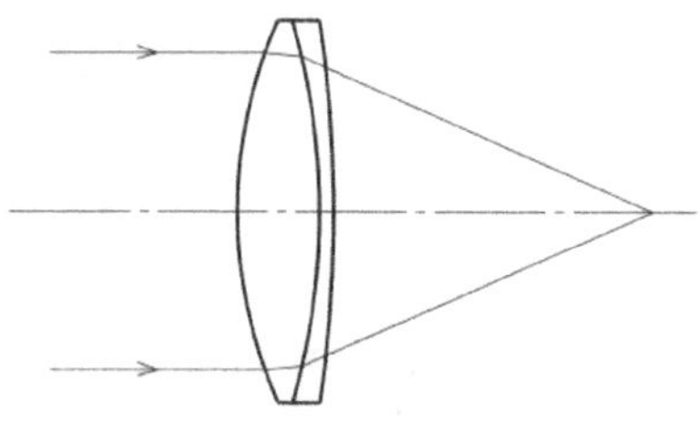

Mit den bekannten Radien, der Mittendicke und der freien Öffnung würde sich eine Linse mit dem paraxialen Strahlengang durchrechnen lassen.

Die nächste zu klärende Frage wäre, wie gut die Abbildungsqualität eines aus Katalogoptiken zusammengesetzten Strahlenganges ist. Die Optikhersteller verraten in der Regel nichts darüber, wie groß das Punktbild ist, der Verlauf der MTF, oder welche Aberrationen ihre Einzelkomponenten sonst haben. Würde auch nicht so viel Sinn machen, da eine jede vom Anwender ausgedachte Kombination von Einzelelementen ihre eigenen spezifischen Aberrationen aufweisen wird.

Wenn man hier nun die sphärische Aberration, Koma, Astigmatismus, Bildfeldkrümmung, Distorsion, Pupillen-Aberration, Chromatische Aberration und die daraus resultierende MTF ermitteln will, sollte man dies vernünftigerweise mit einem optischen Rechenprogramm machen.

Doch bei ausschließlich axialen Anwendungen, wie z. B. Laseraufweitungen oder Beleuchtungsoptik reduzieren sich die möglichen Abbildungsfehler auf sphärische und eventuell noch chromatische Aberrationen. In solchen Fällen kann man durch geschickte Auswahl der optischen Komponenten die Aberrationen quantitativ beeinflussen. Sphärische Aberrationen werden auch Öffnungsfehler genannt, was bedeutet, dass mit zunehmender Öffnung auch die Abbildungsfehler zunehmen, d.h. kleine Öffnung (Durchmesser) bedeutet kleine sphärische Aberration. Das Verhältnis von Brennweite [f] zur Öffnung [D] nennt man auch die relative Apertur, und diese ist:

$$FNO = \frac{f}{D}$$

Wenn man nun die Öffnung [D] klein genug wählt, dann werden ab einem gewissen Wert die sphärischen Aberrationen so klein, dass man von einer beugungsbegrenzten Optik sprechen kann.

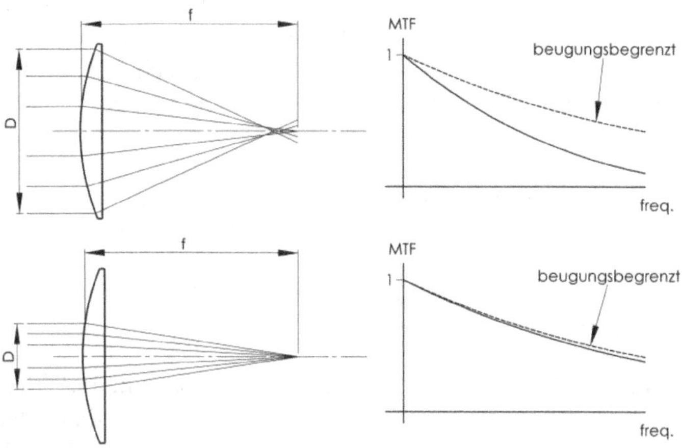

Die numerische Apertur [FNO], bei der dies der Fall ist, hängt von der Brennweite, der Linsenform und dem Brechungsindex ab. Dieser Zusammenhang ist für plankonvexe bzw. plankonkave Linsen, Linsen bester Form und Achromaten im folgenden Diagramm dargestellt:

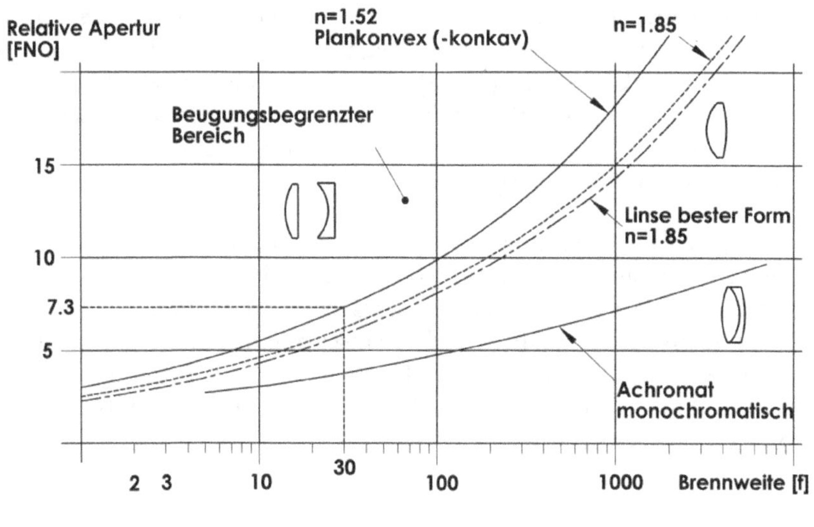

Das Diagramm kann man so lesen, dass z. B. bei einer Brennweite von f=30 mm und FNO≥7.3 eine plankonvexe oder plankonkave Linse mit n=1.52 beugungsbegrenzt wäre, d. h. frei von sphärischen Aberrationen. Dies gilt aber nur für die Abbildung auf der optischen Achse und für einer Wellenlänge.

Wenn das Linsenmaterial einen hohen Brechungsindex hat, wird dank der höheren Brechkraft die Beugungsgrenze schon früher eintreten.

Bei einer Linse bester Form wird die Beugungsgrenze weiter nach unten verschoben, jedoch nicht mehr wesentlich.

Eine plankonvexe Linse mit z.B. f=10 mm wird bis zu einem Sehfeld von ± 1.5° in der Abbildung annähernd beugungsbegrenzt bleiben. Darüber hinaus werden außeraxiale Aberrationen wie Koma und Astigmatismus stärker zum Tragen kommen und die MTF verschlechtern.

Mit zunehmender Brennweite wird das beugungsbegrenzte Gesichtsfeld kleiner, z.B. ± 1° für f=100 mm. Linsen bester Form erlauben annähernd beugungsbegrenzte Sehfelder sogar bis ± 2° bei einer Brennweite von f=10 mm.

Achromate sind natürlich bezüglich der Aberrationen noch besser auskorrigiert. Sie sind für zwei Wellenlängen optimiert, was sie für chromatische Anwendungen geeignet machen. Aber auch für monochromatisches Licht werden sie gerne eingesetzt, da auch die anderen Abbildungsfehler geringer sind. Die dargestellte Beugungsgrenze ist für typische Achromate ermittelt, kann aber zwischen verschiedenen Herstellern variieren.

Wie man sieht, kann man ohne viel Rechnung ein beugungsbegrenztes optisches System aus Katalogoptiken erstellen. Wenn aber größere Sehfelder gefordert sind und die Aberrationen dafür einen gewissen Wert nicht überschreiten dürfen, oder Einschränkungen in der Wahl der relativen Apertur gegeben sind, dann müssen Anordnungen von Katalogoptiken voll durchgerechnet werden, um die tatsächlichen Aberrationen zu ermitteln.

Wenn man sich bewusst ist, was mit Katalogoptiken möglich ist und vor allem auch, was nicht möglich ist, dann steht dem nichts im Wege, diese sinnvoll zu verwenden.

Beispiel: Laseraufweitungsteleskop

Ein He-Ne Laser (λ=633 nm) soll x20-fach aufgeweitet werden. Der Laserstrahldurchmesser ($1/e^2$) beträgt d=0.8 mm. Die Aufweitung soll mit einem Galileiteleskop erfolgen und beugungsbegrenzt sein.

Der Durchmesser der Austrittspupille nach der Aufweitung ist:

$$D = d \cdot 20 = 0.8 \cdot 20 = 16\,mm$$

Gewählt werden eine plankonkave Linse mit einer Brennweite von f_1= -10 mm, und eine plankonvexe Linse mit einer Brennweite von f_2= 200 mm. Beide Linsen haben einen Brechungsindex von n=1.515 (BK7).

Die relative Apertur ist:

$$FNO_1 = \frac{f_1}{d} = \frac{10}{0.8} = 12.5$$

$$FNO_2 = \frac{f_2}{D} = \frac{200}{16} = 12.5$$

Wenn man in dem vorherigen Diagramm nachsieht, dann wird man sehen, dass die plankonkave Linse mit der Brennweite f_1= -10 mm schon ab einer FNO≥6 beugungsbegrenzt wäre. Die plankonvexe Linse mit der Brennweite f_2= 200 mm ist ab einer FNO≥12 beugungsbegrenzt. Da die relative Apertur der Komponenten den Wert FNO=12.5 hat, heißt dies, dass diese Aufweitung ohne Aberrationen geschieht. Es handelt sich dabei um eine beugungsbegrenzte Optik.

In dem Katalog eines Optikherstellers findet man Einzellinsen mit f_1= -10 mm und f_2= 200 mm.

Die nominelle Brennweite ist für die Wellenlänge 587.6nm mit n= 1.5168 (BK7) angegeben.

Der Radius R_1 der Linse f_1 ist:

$$\boldsymbol{R_1 = (n-1) \cdot f_1 = (1.5168 - 1) \cdot (-10) = -5.168}$$

Der Radius R_2 der Linse f_2 ist:

$$\boldsymbol{R_2 = (1.5168 - 1) \cdot 200 = 103.36}$$

Für eine erste Positionierung der Optiken setzt man den Abstand zwischen den Linsen als:

$$\boldsymbol{d = f_1 + f_2 = -10 + 200 = 190\ mm}$$

Nach Katalog sind die Mittendicken der Linsen d_1=2 mm und d_2=5 mm.

Für die Anwendung mit einem He-Ne Laser (λ=632.8 nm) ändert sich der Brechungsindex zu n=1.515. Es empfiehlt sich, die gegebenen und die

gesuchten Daten systematisch in Form einer Tabelle zu gliedern. Die grauen Felder stellen die gegebenen Werte dar.

		Fläche 1		Fläche 2		Fläche 3		Fläche 4	
R		R1=-5.168		R2=∞		R3=∞		R4=-103.36	
d	d1=∞		d2=2		d3=190		d4=5		d5=10378
n	n1=1		n2=1.515		n3=1		n4=1.515		n5=1
y		y1=0.4		y2= 0.45262		y3= 8.026		y4= 8.1576	
u	u1=0		u2= -0.02631		u3= -0.03986		u4= -0.02631		u5=0.000786

Die paraxiale Strahldurchrechnung ist :

$$\boldsymbol{u_1 = \frac{y_1}{d_1} = \frac{0.4}{\infty} = 0}$$

$$\boldsymbol{u_2 = \frac{y_1 \cdot (n_2 - n_1)}{R_1 \cdot n_2} + \frac{n_1 \cdot u_1}{n_2} = \frac{0.4 \cdot (1.515 - 1)}{-5.168 \cdot 1.515} = -0.02631}$$

$$\boldsymbol{y_2 = y_1 - d_2 \cdot u_2 = 0.4 - 2 \cdot (-0.02631) = 0.45262}$$

$$u_3 = \frac{y_2 \cdot (n_3 - n_2)}{R_2 \cdot n_3} + \frac{n_2 \cdot u_2}{n_3} = 1.515 \cdot (-0.02631) = -0.03986$$

$$y_3 = y_2 - d_3 \cdot u_3 = 0.45262 - 190 \cdot (-0.03986) = 8.026$$

$$u_4 = \frac{y_3 \cdot (n_4 - n_3)}{R_3 \cdot n_4} + \frac{n_3 \cdot u_3}{n_4} = \frac{-0.03986}{1.515} = -0.02631$$

$$y_4 = y_3 - d_4 \cdot u_4 = 8.026 - 5 \cdot (-0.02631) = 8.1576$$

$$u_5 = \frac{y_4 \cdot (n_5 - n_4)}{R_4 \cdot n_5} + \frac{n_4 \cdot u_4}{n_5} = \frac{8.1576 \cdot (1 - 1.515)}{-103.36} + 1.515 \cdot (-0.02631)$$
$$= 0.000786$$

$$d_5 = \frac{y_4}{u_5} = \frac{8.1576}{0.000786} = 10378$$

Der Austrittswinkel des Randstrahles nach der letzten Fläche ist u_5=0.000786 rad (≈0.045°). Das heißt, mit dem anfangs gewählten Abstand zwischen den Linsen d_3=190 mm wird der Strahlengang im Abstand d_5=10378 mm fokussiert.

Wenn man für die Anwendung parallelen Strahlengang am Austritt benötigt, dann muss man den Abstand zwischen den Linsen d_3 verändern. Den Wert dieser Änderung lässt sich in erster Annäherung aus der Abbildungsgleichung ermitteln :

$$a = \frac{a' \cdot f}{f - a'} = \frac{10378 \cdot 200}{200 - 10378} = -203.93$$

Es gilt, dass a'=d_5=∞ ist, wenn a=f. Wenn man nun den Abstand d_3 um 3.93 mm verringert, dann ist a=f=200 mm.

Der neue Abstand zwischen den Linsen ist:

$$d_{3neu} = 190 - 3.93 = 186.07$$

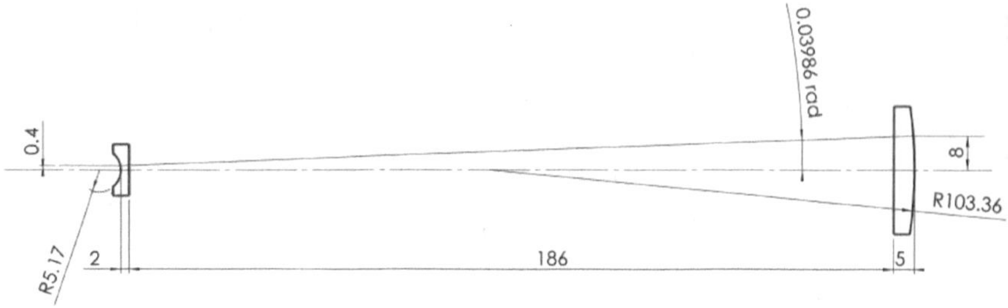

Eine der Linsen sollte mittels einer Fokussiereinrichtung verschiebbar sein, um Fertigungstoleranzen der Optik, aber auch der Mechanik auszugleichen und die bestmögliche Strahlparallelität am Objektivausgang zu erzielen.

Beispiel: Meßobjektiv

Für eine CCD-Kamera soll ein Meßobjektiv mit telezentrischer Vergrößerung aus Katalogoptiken zusammengesetzt werden. Die Bildhöhe am CCD-Chip beträgt y'=3 mm. Die maximale Objekthöhe ist y=-6 mm.

Das heißt, die Vergrößerung beträgt:

$$x = \frac{y'}{y} = \frac{3}{-6} = -0.5$$

Der optische Entwurf sieht folgendermaßen aus:

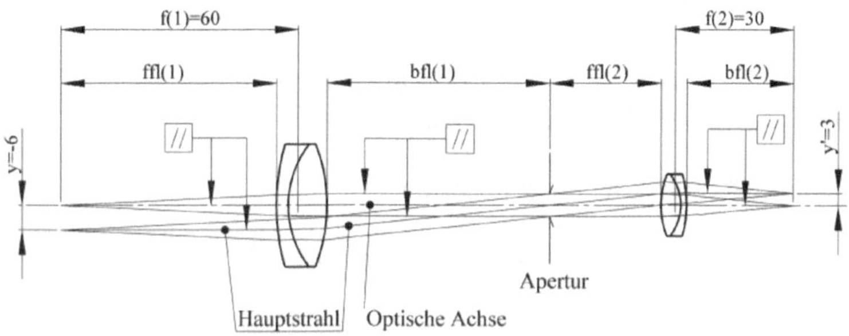

Folgende Bedinungen müssen erfüllt sein, um die Aufgabenstellung zu erfüllen:

- Für den Aufbau werden zunächst 2 Achromate gewählt, deren Brennweiten im Verhältnis 1:2 zueinander stehen. Achromate empfehlen sich deswegen, da der CCD-Chip über den gesamten sichtbaren Wellenlängenbereich empfindlich ist und eine gewisse Farbkorrektur nötig ist.

- Das Objekt muss im vorderen Brennpunkt des 1. Achromaten positioniert sein, damit paralleler Strahlengang nach dem Durchgang durch diesen gegeben ist. Der Abstand Brennpunkt zur ersten Linsenfläche ist ffl(1) (front focal length).

- Die strahlbegrenzende Apertur wird im hinteren Brennpunkt des 1. Achromaten positioniert. Dies gewährleistet, dass der Hauptstrahl vom Objekt ausgehend parallel zu der optischen Achse verläuft. Der Abstand Linsenfläche zum Brennpunkt ist bfl(1) (back focal length).

- Der zweite kürzerbrennweitige Achromat wird spiegelverkehrt angeordnet. Die Apertur liegt im Abstand ffl(2) und die Bildebene, in der der CCD-Chip liegt, ist im Abstand bfl(2).

- Der Abstand zwischen den Achromaten beträgt bfl(1)+ffl(2).

Um diesen Aufbau zu ermöglichen, müssen folglich ffl(1), bfl(1), ffl(2) und bfl(2) mithilfe der paraxialen Strahlrechnung ermittelt werden. Dies kann man an den Einzelkomponenten tun. Die Radien, die Mittendicken und die Brechungsindizes sind vom Hersteller erfragt oder im Katalog angegeben.

Der erste Achromat (f=60) hat folgende Werte:

		Fläche 1		Fläche 2		Fläche 3	
R		R1=53.2		R2=23.5		R3=-39.6	
d	d1=∞		d2=3		d3=10		d4=57.25
n	n1=1		n2=1.755		n3=1.515		n4=1
y		y1=2.5		y2= 2.43934		y3= 2.36954	
u	u1=0		u2= 0.02022		u3= 0.00698		u4= 0.04139

Die paraxiale Rechnung, um bfl(1) = d4 zu ermitteln:

$$u_1 = \frac{y_1}{d_1} = \frac{2.5}{\infty} = 0$$

$$u_2 = \frac{y_1 \cdot (n_2 - n_1)}{R_1 \cdot n_2} + \frac{n_1 \cdot u_1}{n_2} = \frac{2.5 \cdot (1.755 - 1)}{53.2 \cdot 1.755} = 0.02022$$

$$y_2 = y_1 - d_2 \cdot u_2 = 2.5 - 3 \cdot 0.02022 = 2.43934$$

$$u_3 = \frac{y_2 \cdot (n_3 - n_2)}{R_2 \cdot n_3} + \frac{n_2 \cdot u_2}{n_3} = \frac{2.43934 \cdot (1.515 - 1.755)}{23.5 \cdot 1.515} + \frac{1.755 \cdot 0.02022}{1.515} = 0.00698$$

$$y_3 = y_2 - d_3 \cdot u_3 = 2.43934 - 10 \cdot 0.00698 = 2.36954$$

$$u_4 = \frac{y_3 \cdot (n_4 - n_3)}{R_3 \cdot n_4} + \frac{n_3 \cdot u_3}{n_4} = \frac{2.36954 \cdot (1 - 1.515)}{-39.6} + \frac{1.515 \cdot 0.00698}{1} = 0.04139$$

$$d_4 = \frac{y_3}{u_4} = \frac{2.36954}{0.04139} = 57.25 = bfl(1)$$

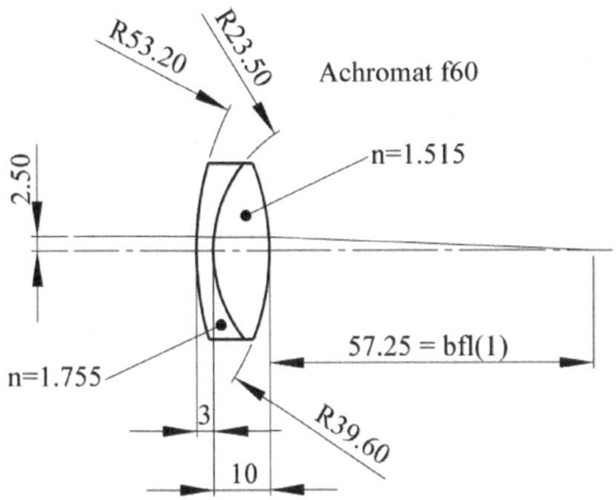

Um den Abstand ffl(1) zu berechnen, wird der Achromat gespiegelt, d.h. der parallele Strahlengang trifft nun auf die vorherige Fläche 3 (R=39.6).

		Fläche 1		Fläche 2		Fläche 3	
R		R1=39.6		R2=-23.5		R3=-53.2	
d	d1=∞		d2=10		d3=3		d4=54.84
n	n1=1		n2=1.515		n3=1.755		n4=1
y		y1=2.5		y2= 2.2854		y3= 2.26971	
u	u1=0		u2= 0.02146		u3= 0.00523		u4= 0.04139

$$u_1 = \frac{y_1}{d_1} = \frac{2.5}{\infty} = 0$$

$$u_2 = \frac{y_1 \cdot (n_2 - n_1)}{R_1 \cdot n_2} + \frac{n_1 \cdot u_1}{n_2} = \frac{2.5 \cdot (1.515 - 1)}{39.6 \cdot 1.515} = 0.02146$$

$$y_2 = y_1 - d_2 \cdot u_2 = 2.5 - 10 \cdot 0.02022 = 2.2854$$

$$u_3 = \frac{y_2 \cdot (n_3 - n_2)}{R_2 \cdot n_3} + \frac{n_2 \cdot u_2}{n_3} = \frac{2.2854 \cdot (1.755 - 1.515)}{-23.5 \cdot 1.755} + \frac{1.515 \cdot 0.02146}{1.755} = 0.00523$$

$$y_3 = y_2 - d_3 \cdot u_3 = 2.2854 - 3 \cdot 0.00523 = 2.26971$$

$$u_4 = \frac{y_3 \cdot (n_4 - n_3)}{R_3 \cdot n_4} + \frac{n_3 \cdot u_3}{n_4} = \frac{2.26971 \cdot (1 - 1.755)}{-53.2} + \frac{1.755 \cdot 0.00523}{1} = 0.04139$$

$$d_4 = \frac{y_3}{u_4} = \frac{2.26971}{0.04139} = 54.84 = ffl(1)$$

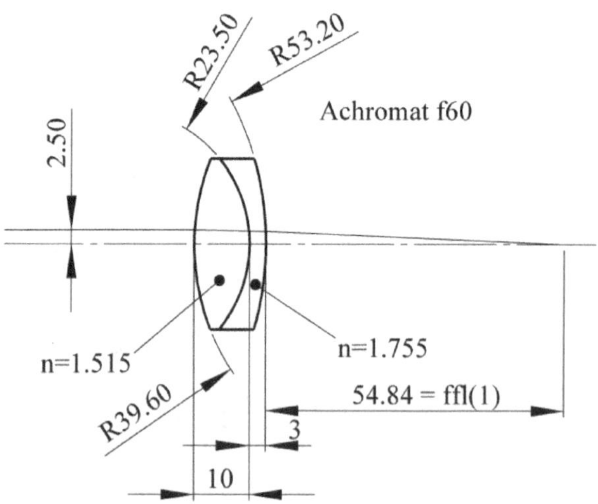

Nun muss man nach der gleichen Vorgehensweise ffl(2) und bfl(2) für den zweiten Achromaten (f=30) ermitteln. Die Werte des zweiten Achromaten sind laut Hersteller:

		Fläche 1		Fläche 2		Fläche 3	
R		R1=19.8		R2=-11.72		R3=-26.7	
d	d1=∞		d2=5		d3=1.5		d4=
n	n1=1		n2=1.515		n3=1.755		n4=1
y		y1=2.5		y2=		y3=	
u	u1=0		u2=		u3=		u4=

Die berechneten Werte sind:

bfl(2)=27.54

ffl(2)=28.77

Der Abstand zwischen den Linsen ist somit

$$d = bfl(1) + ffl(2) = \mathbf{57.25 + 28.77 = 86.02}$$

Die Gestaltung der Aperturblende muss den Erfordernissen und den Gegebenheiten folgen. Soll man eine fixe Blende einbauen oder eine im Durchmesser verstellbare Irisblende? Einen Einfuss hat die Beleuchtung des Objekts, ist diese konstant oder stark veränderlich? Wie groß ist der Dynamikbereich der Verstärkungsregelung der Kamera? Ist eine elektronische Blende in der Signalverarbeitung integriert?

Wenn man sich nun den weiteren Aufbau überlegt, dann kommt natürlich die Frage auf, welche Abstände sind fix und welche sollten einstellbar sein. Die komplette Baugruppe muss auf jeden Fall die Möglichkeit zur Fokussierung erhalten.

Den Abstand (bfl(1)+ffl(2)) zwischen den Achromaten zu verändern, hätte zur Folge, dass der Hauptstrahl nicht mehr parallel zur optischen Achse verläuft. Dies hätte Messfehler zur Folge. Also sollte man für diese Anwendung diesen Abstand fix halten. Da bleiben nur noch ffl(1) und bfl(2) als Variable übrig und für einen dieser Abstände muss man sich entscheiden für die Fokussierung.

Doch wie gut ist die Abbildungsqualität, d.h. die chromatische MTF, des Objektives? Diese läßt sich mit hilfe eines optischen Rechenprogrammes rechnen und das Ergebnis ist:

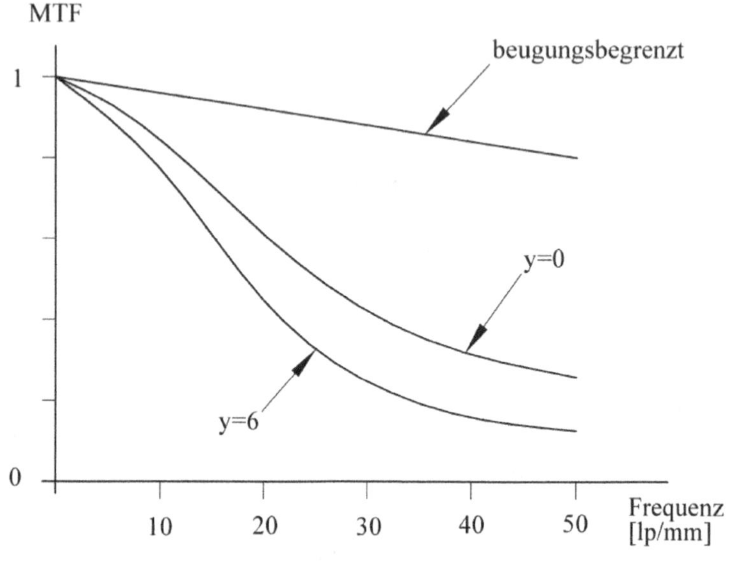

Die MTF wird bis zu der Nyquist-Frequenz f_N betrachtet, die ja die Grenzauflösung darstellt. Bei einer Pixelgröße in der Bildebene von p=0.01mm ist die Nyquist-Frequenz:

$$f_N = \frac{1}{2 \cdot p} = \frac{1}{2 \cdot 0.01} = 50\ [\frac{lp}{mm}]$$

Die MTF für Objekthöhe y=0 beträgt bei f_N etwa 0.28.

Die MTF für Objekthöhe y=6 beträgt bei f_N etwa 0.15.

Das bedeutet, dass die Grenzfrequenz f_N auflösbar ist, wenn auch mit etwas schwachem Kontrast, speziell im Randbereich. Dieses Messobjektiv aus relativ preisgünstigen Katalogoptiken zusammengesetzt ist gar nicht mal so übel und würde für recht viele Messaufgaben schon ausreichen.

Beispiel: Fizeau-Interferometer

Ein Fizeau-Interferometer soll aus Katalogoptiken aufgebaut werden. Die Lichtquelle ist ein He-Ne-Laser mit λ=633 nm und der Strahldurchmesser ($1/e^2$) beträgt 0.5 mm. Die freie Apertur zum Messen soll etwa 25 mm betragen.

Die Teleskopvergrößerung ist:

$$x = \frac{25}{0.5} = 50$$

Der optische Entwurf sieht folgendermaßen aus:

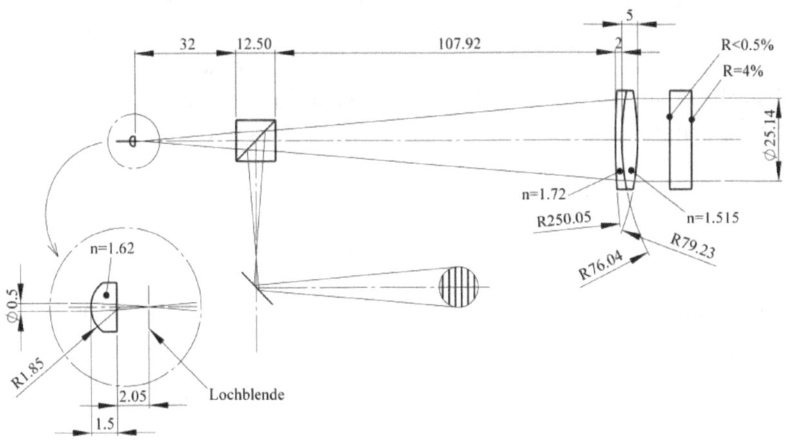

Für die Laserstrahlaufweitung wurde eine Optik mit f_1=3 mm (FNO=6) gewählt. Entsprechend der geforderten Vergrößerung muss die Kollimationsoptik eine Brennweite von $f_2=f_1\cdot x=3\cdot 50=150$ mm haben. Das Teleskop sollte idealerweise beugungsbegrenzt sein und wenn man im Diagramm nachsieht, dann wird man feststellen, dass eine plankonvexe Linse mit f_1=3 und FNO=6 bereits beugungsbegrenzt ist. Bei der Kollimationsoptik mit f_1=150 mm und FNO=6 wäre eine plankonvexe Linse jedoch nicht mehr beugungsbegrenzt. Wenn man jedoch einen Achromaten wählt, dann wäre dieser wiederum beugungsbegrenzt.

Für die Laserstrahlaufweitung wählt man eine positive Linse, die ein reelles Zwischenbild erzeugt. Der Grund hierfür ist mehr kosmetischer Natur. Der Laserstrahl ist durch Streuungen und Unreinheiten in den Medien wie Luft und Glas nicht besonders homogen in der Ausleuchtung. Diese Unreinheiten können Staubpartikel, Schlieren oder Einschlüsse sein, die als Quelle für neue Elementarwellen dienen und sich dem Hauptstrahl überlagern. Man wird hellere und dunklere Stellen über dem Strahlquerschnitt erkennen.

Um eine bessere Strahlhomogenität zu erzielen, kann man diese Störungen mithilfe einer Lochblende ausblenden. Wie man aus der Beugungstheorie weiß, zeigt die Intensitätsverteilung, im Strahlquerschnitt betrachtet, ein zentrales Maximum, in dem 84% der Energie enthalten sind, der Rest ist in den Beugungsringen höherer Ordnung. Die Intensitätsverteilung in diesem zentralen Maximum aber entspricht in etwa einer Gauss'schen Glockenkurve. Der nutzbare Durchmesser dieser Glockenkurve wird in der Regel bis zu einem Energieabfall von 13.5% des maximalen Wertes in der Mitte angegeben.

Dies entspricht der Funktion:

$$\boldsymbol{I = I_0 \cdot e^{-2}}$$

Oder in linearen Dimensionen ausgedrückt, ist dieser Durchmesser:

$$\boldsymbol{\emptyset = 2 \cdot \lambda \cdot FNO}$$

λ = Wellenlänge

FNO = Numerische Apertur = f/D

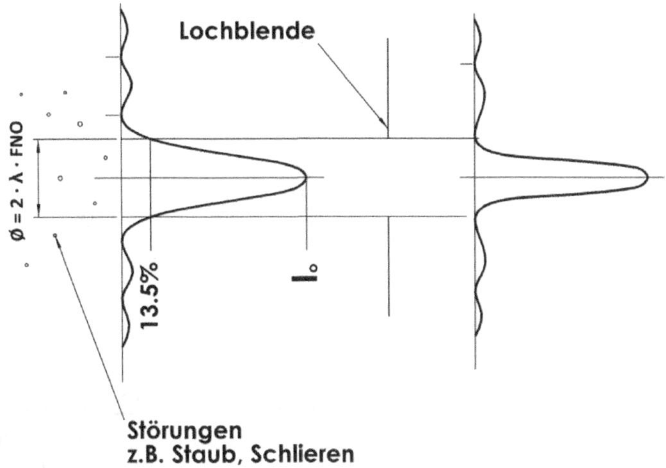

Für das Beispiel wäre:

$$\emptyset = 2 \cdot \lambda \cdot FNO = 2 \cdot 0.633 \cdot 6 = 7.6\ \mu m$$

Wenn in der Bildebene nun eine Lochblende mit dem Durchmesser von 7.6µm positioniert wird, dann wird der Strahlquerscnitt homogener. Wenn man einen kleineren Blendendurchmesser wählt, dann wird der Strahlquerschnitt noch homogener, der Aperturwinkel nach der Blende wird aber kleiner und man verliert Laserleistung.

Nun die Strahldurchrechnung:

		Fläche 1		Fläche 2		Fläche 3		Fläche 4	
R		R1=1.85		R2=∞		R3=∞		R4=∞	
d	d1=∞		d2=1.5		d3=32		d4=12.5		→
n	n1=1		n2=1.62		n3=1		n4=1.515		
y		y1=0.25		y2=0.1724		y3=-2.5125		y4=-3.2038	
u	u1=0		u2=-0.05172		u3=-0.08378		u4=-0.0553		

			Fläche 5		Fläche 6		Fläche 7	
	R		R5=250.05		R6=76.04		R7=-79.23	
→	d	d5=107.92		d6=2		d7=5		d8=∞
	n	n5=1		n6=1.72		n7=1.515		
	y		y5=-12.2415		y6=-12.2979		y7=-12.5675	
	u	u5=-0.08378		u6=-0.02822		u7=-0.05392		u8=0

Die u_z und die y_z Werte werden mit folgenden Gleichungen berechnet:

$$u_1 = \frac{y_1}{d_1}$$

$$u_z = \frac{y_{z-1} \cdot (n_z - n_{z-1})}{R_{z-1} \cdot n_z} + \frac{n_{z-1} \cdot u_{z-1}}{n_z} \qquad [rad]$$

$$y_z = y_{z-1} - d_z \cdot u_z$$

Der Abstand d_3=32 mm ist eher eine konstruktive Wahl. Die Bestimmung von d_5 erfolgt in erster Näherung aus der Summe der Brennweiten und der longitudinalen Verschiebung durch den Strahlteilerwürfel.

$$d_5 \approx f_1 + f_2 - d_3 - d_4 + \frac{n_4 - 1}{n_4} \cdot d_4$$
$$= 3 + 150 - 32 - 12.5 + \frac{1.515 - 1}{1.515} \cdot 12.5 = 112.75$$

Wenn man nun mit diesen geschätzten Abstand d_5=112.75 mm die Strahlrechnung durchführt, dann wird der Austrittswinkel u_8=0.0273 [rad] und d_8=4808 mm.

Mit der Abbildungsgleichung kann man nun zurückrechnen, welcher Verschiebung dies entspricht:

$$a = \frac{a' \cdot f}{f - a'} = \frac{4808 \cdot 150}{150 - 4808} = -154.83$$

Das bedeutet, dass der Abstand d_5 um den Betrag 4.83mm verkleinert werden muss auf d_5=107.92 mm, damit der Strahlausgang parallel zu der optischen Achse verläuft.

Beispiel: Autokollimator

Für Justageaufgaben soll möglichst schnell und günstig ein Teleskop aus Katalogoptiken zusammengestellt werden. Die benötigte Vergrößerung ist x = 10 und die maximale Apertur am Auge hat einen Durchmesser von D = 3 mm.

Ein Galilei-Teleskop verbietet sich für diese Vergrößerung fast von selbst, da es nicht die Abbildung der Apertur (D=3) auf die Frontoptik erlaubt und diese dann entweder sehr groß ist oder aber durch Abschattung das Gesichtsfeld stark verkleinert werden würde. Die mögliche Lösung ist ein astronomisches Teleskop, bestehend aus einem Okular und einem Objektiv.

Da die Sensorik nun mal das Auge ist, sollte das Teleskop chromatisch korrigiert sein. Das führt in der Auswahl zwangsläufig zu Achromaten.

Das Okular wird dem Plösselschen Okular nachempfunden, das heißt, eine Anordnung von zwei identischen Achromaten. Dies entspricht zwar nicht ganz einem voll optimierten Plössel-Okular, ist aber immerhin besser als ein einfaches Okular aus nur einem Achromaten.

Die gewählte Brennweite des Achromaten ist $f_1 = 40$ mm. Wenn man die Linsendicken und den Abstand zwischen den Achromaten vernachlässigt, dann hat eine Anordnung von zwei Achromaten die Gesamtbrennweite von:

$$\frac{1}{f_{ocular}} = \frac{1}{f_1} + \frac{1}{f_1}$$

$$f_{ocular} = \frac{f_1 \cdot f_1}{f_1 + f_1} = \frac{40 \cdot 40}{40 + 40} = 20\ mm$$

Das Objektiv, ebenfalls ein Achromat, hat dann eine Brennweite von:

$$f_{objektiv} = f_{okular} \cdot x = 20\ mm \cdot 10 = 200\ mm$$

Die Funktion soll so sein, dass ein Fadenkreuz von einer reflektierenden Messfläche abgebildet wird und der Betrachter sieht diese relativ zu einer Skalierung. Eine Verkippung der Messfläche wird eine laterale Verschiebung des Fadenkreuzes bewirken und kann mit der Skalierung quantitativ festgehalten werden.

Der optische Aufbau sieht folgendermaßen aus:

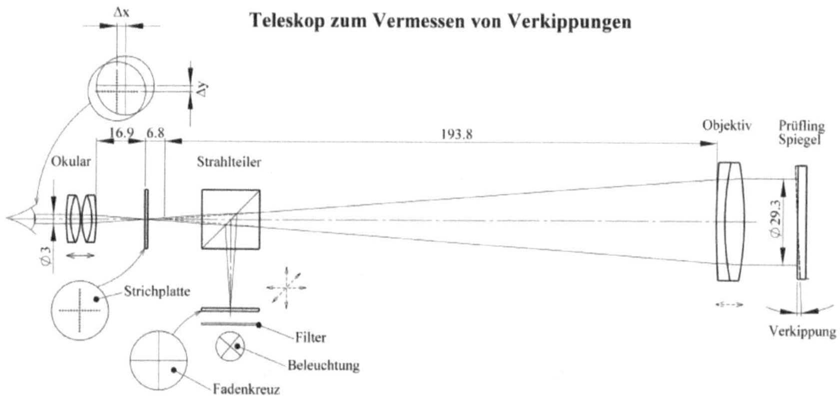

Zunächst wird die Lage des Zwischenbildes mit der paraxialen Rechnung ermittelt. Das Zwischenbild liegt 16.9mm nach der letzten Fläche des Okulars und 193.8 mm vor der ersten Fläche des Objektives.

Der Strahlteiler hat eine Kantenlänge von 20 mm, n=1.515 und bewirkt eine longitudinale Bildverschiebung von:

$$l_s = \frac{n-1}{n} \cdot d = \frac{1.515 - 1}{1.515} \cdot 20 = 6.8$$

Nun können das Okular, die Strichplatte, der Strahlteiler, das Objektiv und das Fadenkreuz positioniert werden, entweder mithilfe von Komponenten einer optischen Bank oder mit eigens dafür konstruierter Mechanik.

Das Fadenkreuz benötigt eine Beleuchtung, die idealerweise von der Rückseite erfolgt. Um die Abbildungsqualität des Teleskopes etwas zu verbessern, kann man den Wellenlängenbereich mithilfe eines optischen Filters einschränken. Es ist ja klar, dass ein eingeschränkter Wellenlängenbereich auch geringere chromatische Aberrationen bedeuten. Umso schmalbandiger das Filter ist, umso geringer sind die chromatischen Aberrationen. Es spielt keine Rolle, ob es sich dabei um einen Blau-, Grün-, Gelb- oder Rotfilter handelt.

Nun muss man sich Gedanken darüber machen, welche Komponenten fix sind und welche in ihrer Position einstellbar. Das Ziel soll sein, dass die Funktion mit so wenig wie möglichen einstellbaren Freiheitsgraden gewährleistet werden soll. Eine mögliche Vorgehensweise wäre:

- Strichplatte und Strahlteiler sind fix.
- Das Objektiv ist longitudinal verschiebbar, um es einmalig so einzustellen, dass die Bildebene auf der Strichplatte liegt. Anschließend wird es in dieser Position fixiert und ist vom Anwender nicht mehr verschiebbar.
- Das Okular ist longitudinal verschiebbar, damit die Bildebene auf der Strichplatte liegt. Der Anwender hat die Möglichkeit, das Okular relativ zu der Strichplatte zu verschieben, um Sehfehler der Auges auszugleichen.
- Das Fadenkreuz sollte sowohl lateral als auch longitudinal einmalig einstellbar sein. Nach der Einstellung sollte es nicht mehr verstellt werden.

Die Auflösungsgrenze bei der Messung kann durch das Auge gegeben sein oder durch die Skalierung der Strichplatte.

Wenn man nun eine Strichplatte mit einer kleinsten Teilung von Δy=0.02 mm benutzt, dann wäre die kleinste messbare Winkeländerung bei der Objektivbrennweite von f=200 :

$$\Delta\alpha = \tan^{-1}\left(\frac{\Delta y}{2\cdot f}\right) = \tan^{-1}\left(\frac{0.02}{2\cdot 200}\right) = 0.00286 = 10''$$

Der Faktor 2 (2·f) im Nenner berücksichtigt das Reflexionsgesetz.

Die Auflösungsgrenze des Auges beträgt etwa 1'=0.0167°. In der Bildebene wäre Δy bei einer Okularbrennweite von f=20 mm:

$$\Delta y = f \cdot \tan(1') = 20 \cdot \tan 0.0167° = 0.0058\, mm$$

Wenn nun eine Strichplatte mit einer kleinsten Teilung von Δy=0.0058 mm in der Bildebene wäre, dann wäre die kleinste messbare Winkeländerung bei der Objektivbrennweite von f=200 mm:

$$\Delta\propto = \tan^{-1}\left(\frac{\Delta y}{2 \cdot f}\right) = \tan^{-1}\left(\frac{0.0058}{2 \cdot 200}\right) = 0.00286 = 3''$$

Dies ist die absolute Grenze des Auflösungsvermögens dieses Teleskopes, doch für Messaufgaben sollte man besser nicht an die Auflösungsgrenze des Auges gehen, weil die Messunsicherheit in diesen Bereich recht groß ist.

Literaturhinweise

Smith, Warren J.: Practical Optical System Layout. New York (McGraw-Hill) 1997.

Kingslake, Rudolf: Lens Design Fundamentals. San Diego (AP) 1978.

Schröder, Gottfried; Treiber Hanskarl: Technische Optik: Grundlagen und Anwendungen. Würzburg (Vogel Business Media) 2007.

Firma Schott: Optische Glass. Katalog 2009.

3.19 Optische Systeme

Man kann generell zwischen abbildenden und nichtabbildenden optischen Systemen unterscheiden. Abbildende optische Systeme sind diejenigen, die ein Objekt in einer Bildebene abbilden. Im Sprachgebrauch nennt man diese Lupe, Objektive, Okular usw. Nichtabbildende optische Systeme werden den Strahlengang zwar auch in irgendeiner Form konditionieren, aber sie werden keine Abbildung eines Objekts bewirken. Diese nennt man Teleskope.

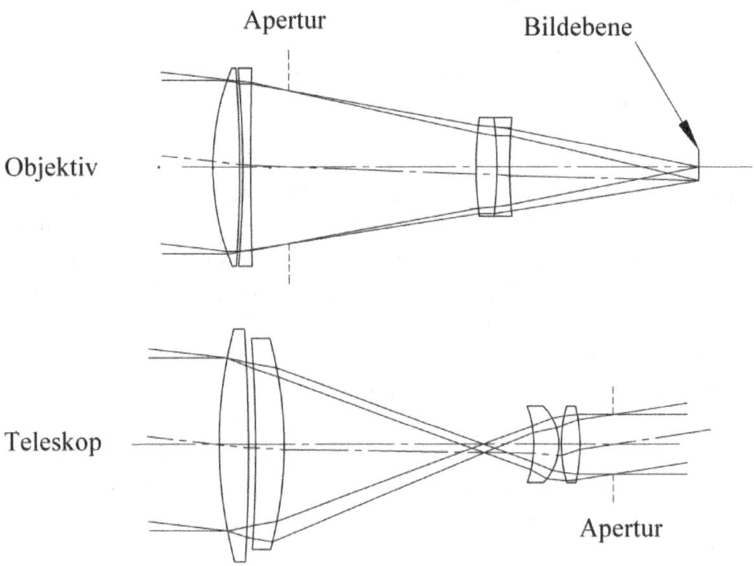

Ein Objektiv kann im einfachsten Fall eine einzelne Linse sein, oder aber, um Farbfehler zu verringern, eine Folge aus 2 Linsen verschiedener Dispersionszahl. Diese Kombination nennt man einen Achromaten. Ein Achromat hat eine positive Linse mit hoher Dispersionszahl und eine negative Linse mit niedriger Dispersionszahl [v].

Achromat

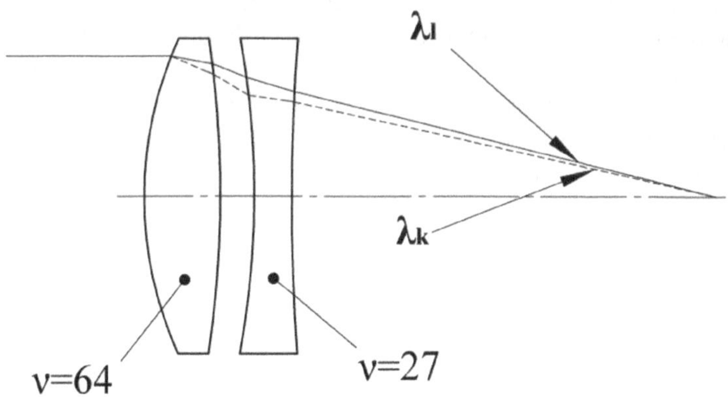

Einen Achromaten kann man für 2 Wellenlängen auskorrigieren. Wenn die Farbkorrektion für mehrere Wellenlängen wirken soll, dann müssen weitere Elemente hinzugefügt werden. Wenn es um mehr geht und auch noch außeraxiale Bildpunkte eine gute Abbildung liefern sollen, dann werden bei der optischen Rechnung weitere Linsen hinzugefügt, bis das Ergebnis stimmt. Ob dieses nun Objektiv, Okular oder sonstwie genannt wird, bestimmt eher die Anwendung.

Eine wichtige Größe bei Objektiven ist die Lage der Hauptebene. Wenn man die Hauptebene etwa in die Eintrittslinse legt, dann entspricht die Länge des Objektives bis zur Bildebene in etwa der Brennweite.

Um eine kleinere Baulänge zu erreichen, kann man die Hauptebene auch außerhalb der Linsengruppe legen. Um dies zu erreichen, ordnet man nach der positiven Eintrittsoptik eine negative Linseneinheit an.

Die verkürzte Baulänge bekommt man jedoch nicht umsonst, für eine gute Abbildungsqualität wird man da schon etwas mehr Aufwand treiben müssen.

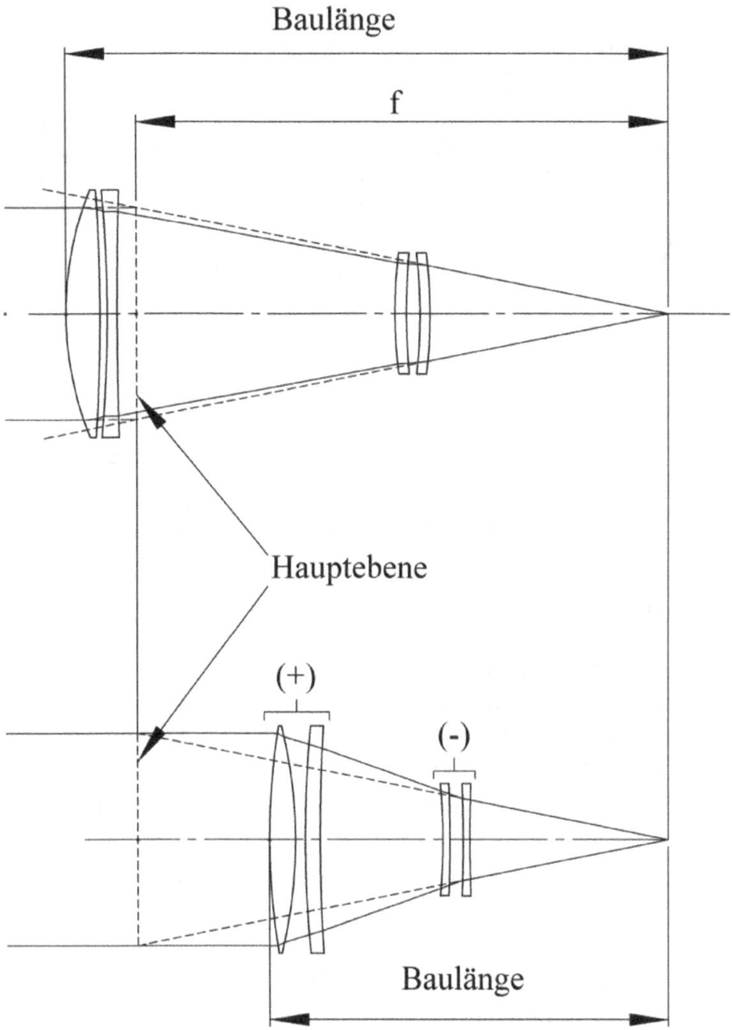

Okulare sind ebenfalls Objektive, die in der Regel im Zusammenhang mit dem Auge eingesetzt werden. Die Apertur liegt immer außerhalb der Optik.

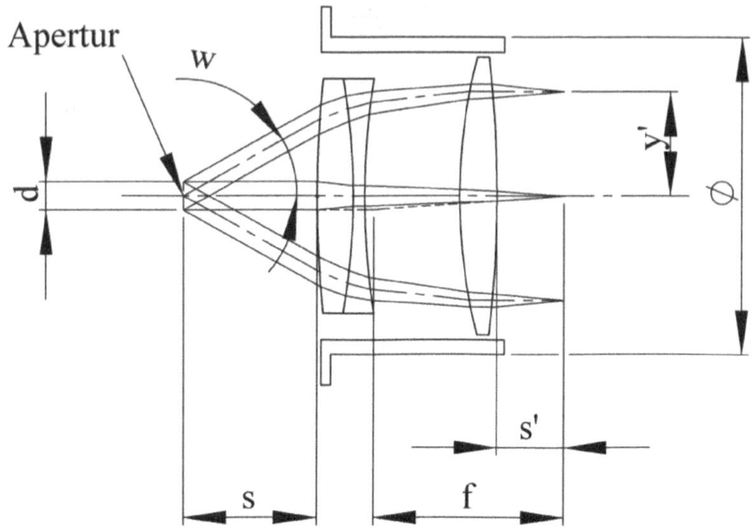

Die wesentlichen Kardinalgrößen von Okularen sind:

- Eintrittspupille [d]. Das Okular ist für die angegebene Pupille optimiert. Wenn es mit einer größeren Öffnung betrieben wird, dann treten verstärkt Abbildungsfehler auf. Der mögliche Durchmesser kann zwischen 2mm und 8mm liegen.
- Sehfeld [w]. Typischerweise liegt 2w zwischen 20° und 90°.
- Augenabstand [s]. Wenn s < 8 mm ist, dann wird die Adaption an das Auge schwieriger und als nicht angenehm empfunden.
- Brennweite [f].
- Bildhöhe [y']. Es ist $\boldsymbol{y'} = \boldsymbol{f} \cdot \mathbf{tan}(\boldsymbol{w})$.
- Abstand Bildebene zur letzten Linsenfläche [s', bfl].
- Tubusdurchmesser [∅]. Es gibt standardisierte Gehäusedurchmesser von ∅=25.4 mm (1"), ∅=31.75 mm (1¼") und ∅=50.8 mm (2"). Eine Ausnahme bilden Okulare für Mikroskope, die es in den Standarddurchmessern ∅=23.5 mm und ∅=30 mm gibt.

- Okularvergrößerung [x...]. Ausgehend davon, dass das Auge ein Objekt in einem Abstand von 250 mm problemlos scharfgestellt sehen kann, wird ein Okular den empfundenen Objektabstand entsprechend seiner Brennweite verkürzen. Da ein Okular ja auch eine Lupe ist, wird das Objekt vergrößert. Der Abstand vom Auge zum Okular hat keinen wesentlichen Einfluss auf die Vergrößerung. Die Vergrößerung ist :

$$x = \frac{250}{f}$$

Ein Okular mit der Brennweite f=25 mm, hat z.B. eine Vergrößerung von x10.

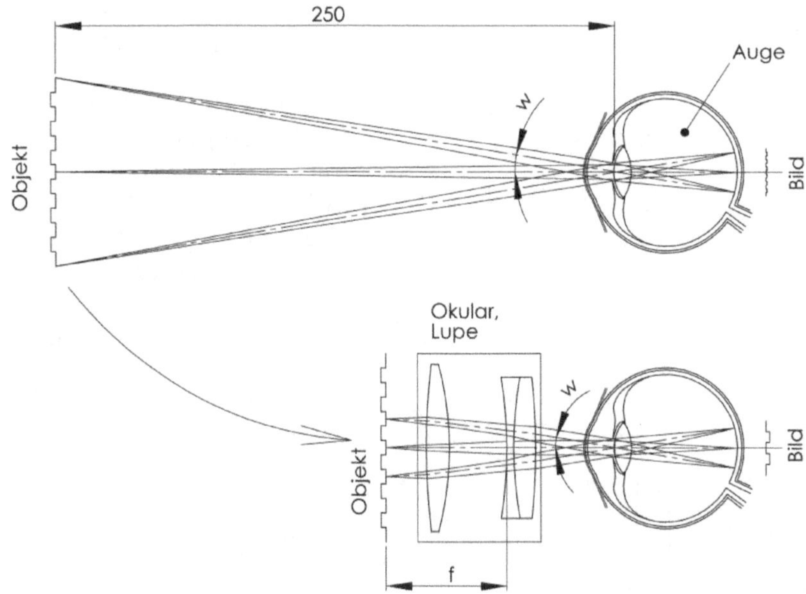

Einige gängige Okulartypen sind:

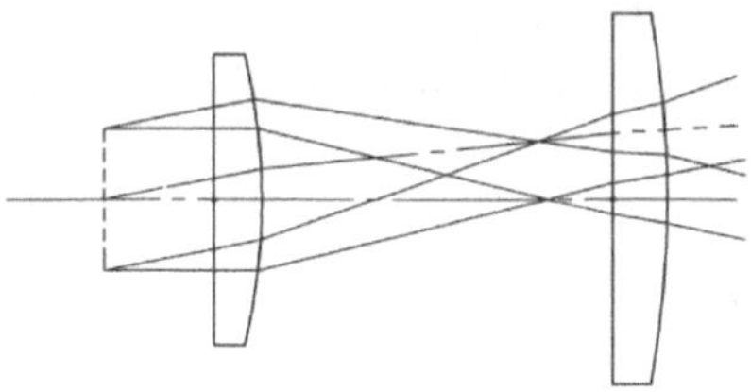	Huygenssches Okular Besteht aus zwei Plankonvex-Linsen und ist die wohl mit einfachste Okularform. Die Bildebene liegt zwischen den Linsen, d. h. bei fertig konfektionierten Okularen kein Zugang, um eine Strichplatte in der Bildebene einzubringen. Sehr geringer Augenabstand, kleines Sehfeld, mäßige Korrektur der Abbildungsfehler. Der große Vorteil ist der günstige Preis.
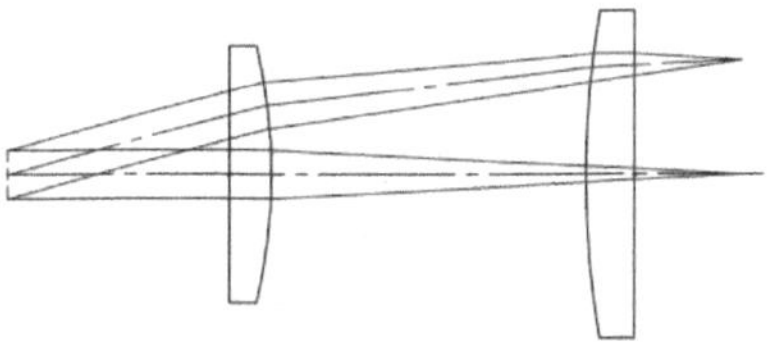	Ramsdensches Okular Es entspricht dem Huygensschen Okular, hat jedoch einen größeren Augenabstand s>10 mm. Das Zwischenbild ist außerhalb gelegen und somit zugänglich für eventuelle Strichplatten oder Blenden.
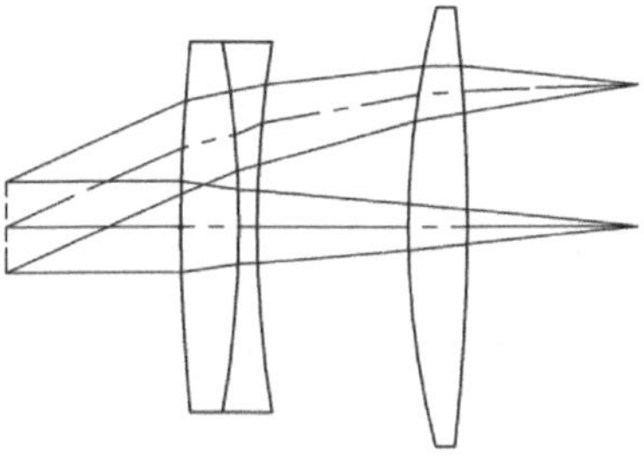	Kellnersches Okular Die Abbildungsgüte, auch im Hinblick auf chromatische Aberrationen, ist verbessert im Vergleich mit den vorherigen Okularen.

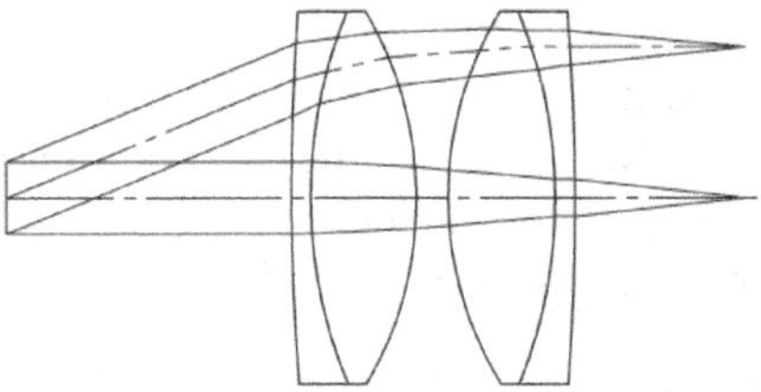	<u>Plösselsches Okular</u> Die beiden Linsengruppen sind symmetrisch. Das Sehfeld sowie der Augenabstand sind recht groß, $w=\pm 25^\circ$ und $s>15$ mm. Es ist schon ziemlich gut aus-korrigiert.
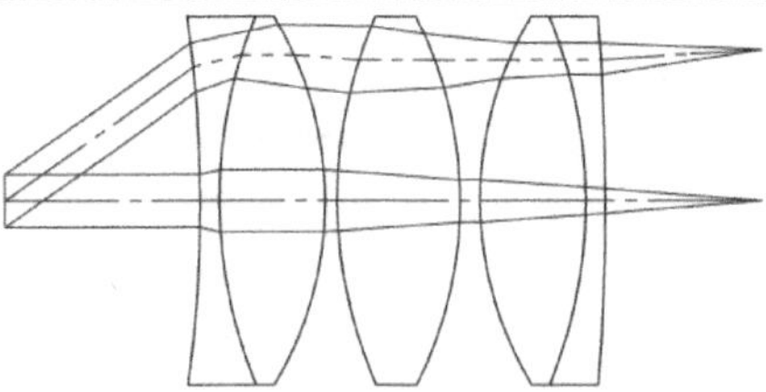	<u>Erfle-Okular</u> Dieses Okular erlaubt größere Gesichtsfelder, $w=\pm 30^\circ$ und ist gut auskorrigiert.
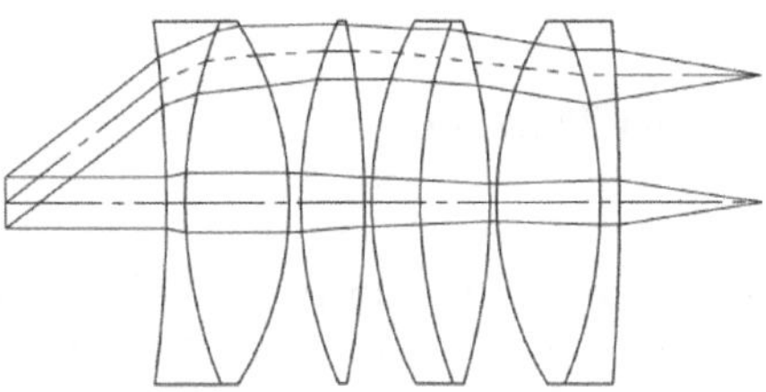	<u>König-Okular</u> Man kann dieses Okular als eine Weiterentwicklung des Erfle-Okulars verstehen. Das Gesichtsfeld kann je nach Anzahl der Linsen und Ausführung bis zu $w=\pm 40^\circ$ betragen. Da durch die große Anzahl der Linsen eine hohe Korrektionsfähigkeit besteht, kann man auch recht kurzbrennweitige Okulare, $f<15$ mm, mit guter Abbildungsgüte realisieren.

Durch das Aneinanderreihen von Linsengruppen, z.B. Okular und Objektiv, kann man Teleskope konfigurieren. Teleskope können zwar intern Bildebenen haben, aber von außen betrachtet kommt paralleler Strahlengang hinein und nach dem Durchgang geht paralleler Strahlengang wieder hinaus, wenn in der Regal auch mit einem anderen Durchmesser und Sehfeld. Man unterscheidet zwischen zwei Grundformen, das Galilei-Teleskop und das astronomische Teleskop.

Das Galilei-Teleskop setzt sich zusammen aus einem positiven Objektiv und einem negativen Okular.

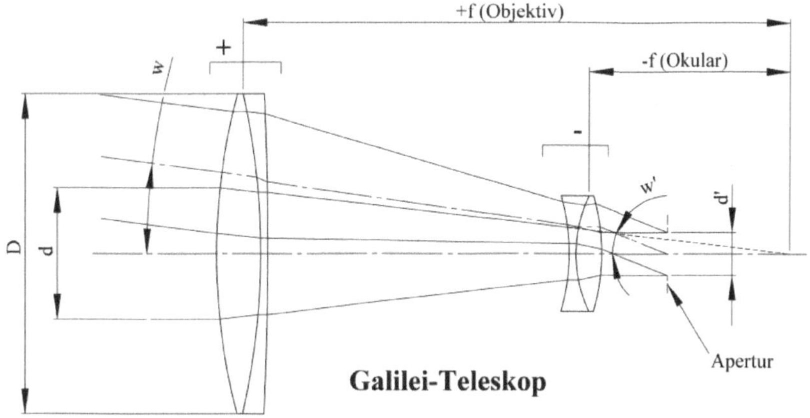

Galilei-Teleskop

Wie im Bild unschwer zu erkennen, wandert die Eintrittspupille [d] mit zunehmenden Sehfeld über die Frontlinse. Entsprechend groß muß daher der Durchmesser [D] der Frontlinse sein. Aus diesem Grund werden Galilei-Teleskope für Vergrößerungen bis maximal x4 verwendet, da mit größer werdender Eintrittspupille [d] der Linsendurchmesser immer größer werden würde.

Die Vergrößerung eines Teleskopes läßt sich unabhängig voneinander aus drei verschiedenen Zusammenhängen rechnen:

$$x = \frac{D}{d} = \frac{w'}{w} = \frac{f\,(Objektiv)}{f\,(Okular)}$$

Das astronomische Teleskop setzt sich zusammen aus einem positiven Objektiv und einem positiven Okular. Genau wie beim Galilei-Teleskop werden Objektiv und Okular so angeordnet, dass deren Bildebenen aufeinander liegen. Das astronomische Teleskop ermöglicht durch seine Anordnung eine Abbildung der Apertur auf die Frontlinse. Dies bedeutet, dass der Durchmesser [D] der Frontlinse im Idealfall nicht größer sein muss als der Durchmesser [d] der Eintrittspupille. Das ist ein eminenter Vorteil gegenüber dem Galilei-Teleskop, da sich so auch höhere Vergrößerungen technisch sinnvoll realisieren lassen, ohne unnötig grosse Linsen zu haben. Ein weiterer Vorteil astronomischer Teleskope ist, dass sich in der reell existierenden Bildebene zwischen Objektiv und Okular Strichplatten und/oder Feldblenden einsetzen lassen.

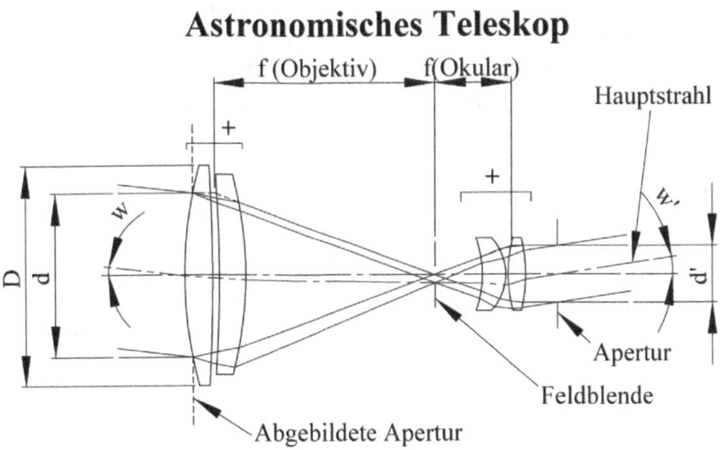

Ein Nachteil ist, dass die Baulänge eines astronomischen Teleskopes länger ist als die Baulänge eines vergleichbaren Galilei-Teleskopes.

Das noch größere Problem ist aber, dass der Hauptstrahl bei einem astronomischen Teleskop seine Orientierung ändert, d.h. es findet eine Bilddrehung um 180° statt, das bedeutet, das Bild spiegelt sich sowohl horizontal als auch vertikal. Stört es, wenn in astronomischen Betrachtungen der Mond oder die Milchstraße auf dem Kopf stehen und seitlich spiegelverkehrt sind? Wohl kaum.

Dieses verhält sich jedoch anders, wenn ein astronomisches Teleskop nicht-astronomisch eingesetzt wird, z.B. bei Betrachtungen von Objekten auf der Erde. Bei solchen terrestrischen Anwendungen würde es den Betrachter schon irritieren, wenn Bäume, Menschen, Häuser, Berge oder was auch immer auf dem Kopf stehend und spiegelverkehrt erscheinen würden.

Da nun eine Zwischenbildebene eine Bilddrehung um 180° bewirkt, wäre die Lösung, einfach eine weitere Zwischenbildebene einzubringen, d. h. das Bild um weitere 180° drehen, und dann wäre man wieder bei einem korrekt aufgerichteten Bild. Die Baulänge nimmt bei dieser Lösung natürlich zu.

Man kann eine Bilddrehung aber auch mit einem entsprechenden Prisma erreichen, z.B. Porro-Prisma oder Abbe-König-Prisma. Dies hätte keinen so starken Einfluss auf die Baulänge, beim Porro-Prisma würde die Baulänge sogar kürzer, da der Strahlengang gefaltet wäre.

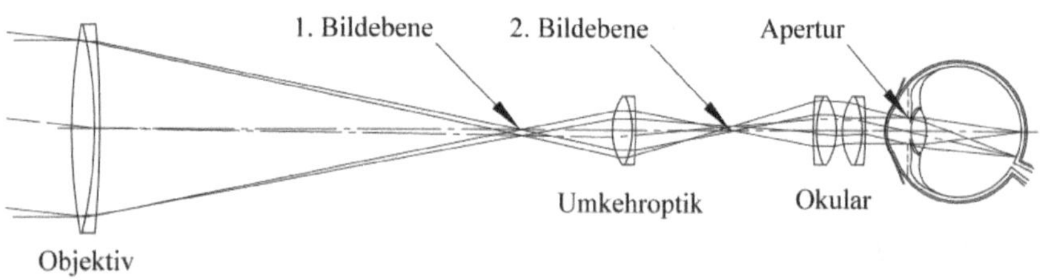

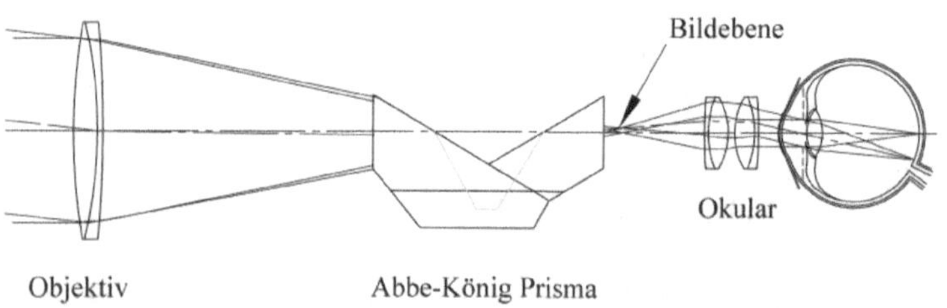

Apertur, Feldblende, Feldlinse

Die Aperturblende in einem optischen System ist diejenige Öffnung, die den einkommenden Strahlengang begrenzt. Den optischen Strahl, der durch das Zentrum der in der Regel kreisförmigen Apertur geht, nennt man den Hauptstrahl.

Die Lage der Aperturblende in einem optischen System kann einen großen Einfluss auf dessen Eigenschaften haben. Die begrenzende Aperturblende kann einfach ein Gehäuse, eine Lochblende oder eine verstellbare Irisblende sein.

Eine ungünstig positionierte Aperturblende kann zu Abschattungen führen oder aber Abbildungsfehler, wie Koma und Astigmatismus begünstigen.

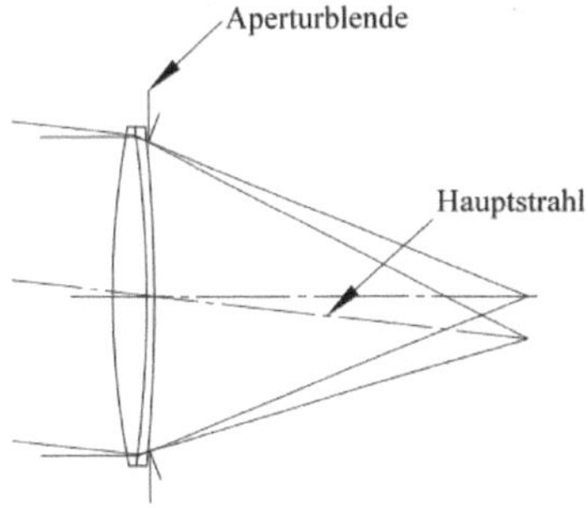

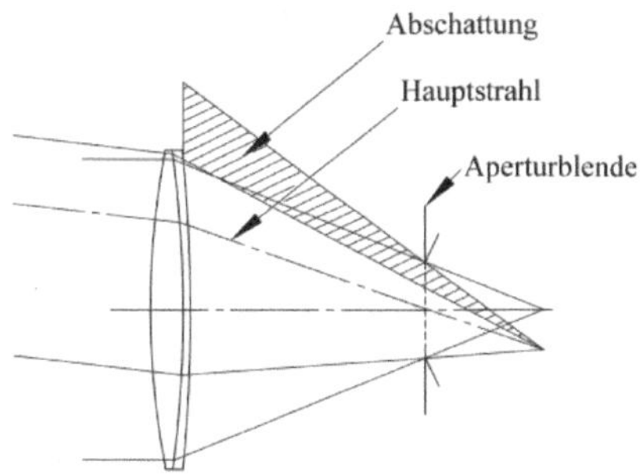

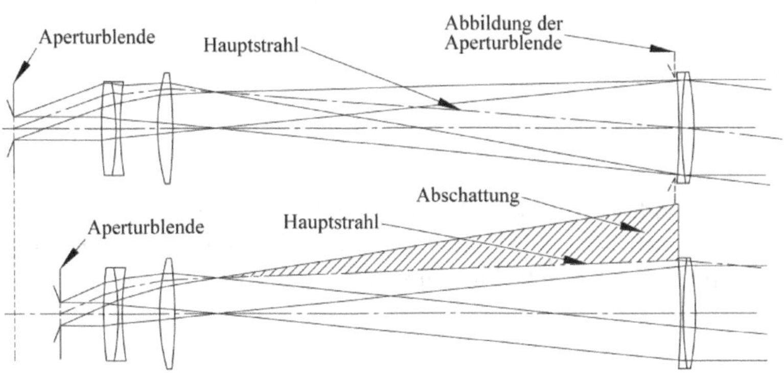

Wenn man die Aperturblende in der Brennebene (F, F') eines Objektives positioniert, dann wird der Hauptstrahl auf der anderen Seite der Optik parallel zu der optischen Achse verlaufen. Man nennt diesen Strahlengang dann telezentrisch. Dies ist speziell bei Messobjektiven, die geometrische Größen erfassen, wichtig. Diese sollten gewährleisten, dass zumindest im Bereich der Tiefenschärfe keine Änderung des Abbildungsmaßstabes stattfindet.

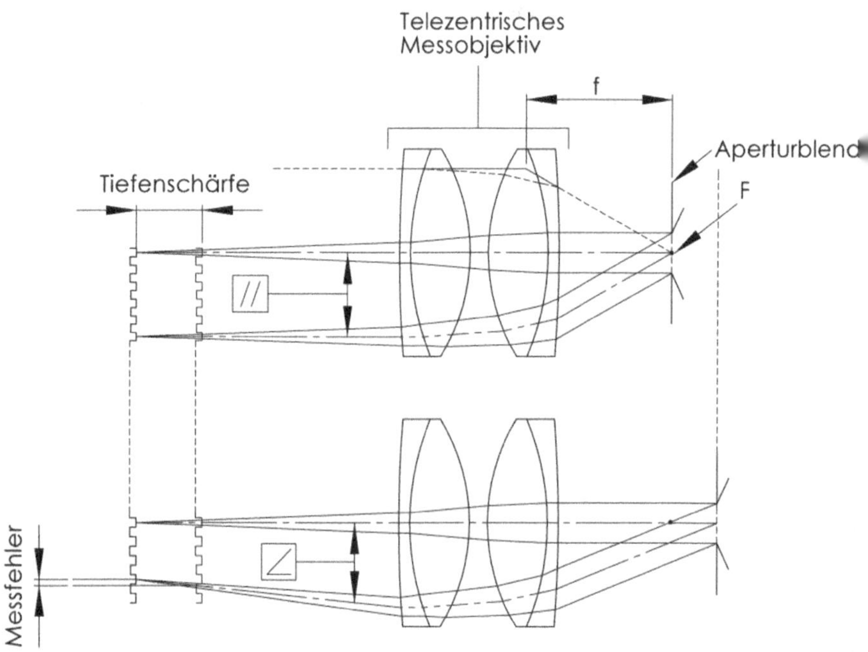

Die Feldblende ist diejenige Blende, die das Gesichtsfeld des optischen Systems beschränkt. Sie sollte in einer Bildebene liegen, um keine Abschattung der Randstrahlen zu verursachen.

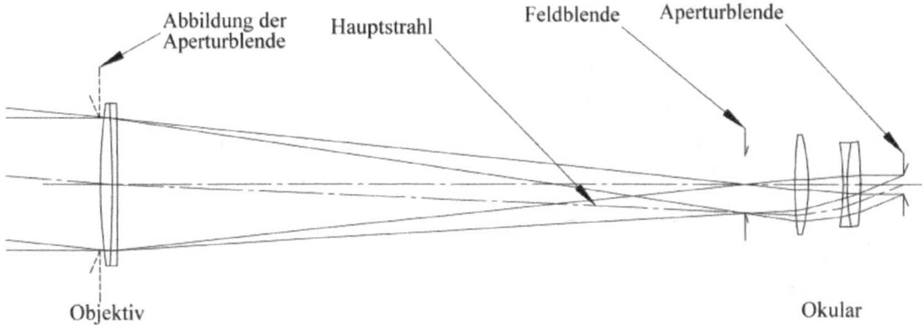

Die Feldlinse ist ein optisches Bauelement, das die Orientierung des Hauptsrahles ändert. Sie wirkt wie eine Umkehroptik und ist idealerweise in einer Bildebene positioniert. Da der Strahlquerschnitt in der Bildebene sehr klein ist und die Steigungsänderung der Linse für diesen Strahlquerschnitt gering ist, wirkt die Linse in einem kleinen Bereich beinahe schon wie eine Planfläche. Dies hat zur Folge, dass eine Feldlinse zwar die Orientierung des Strahlenganges ändert, aber kaum zusätzliche Abbildungsfehler einbringt, ausgenommen chromatische Aberrationen (Farbfehler). Der Sinn einer Feldlinse besteht im Wesentlichen darin, die Apertur auf der optischen Achse abzubilden, was den Durchmesser der beteiligten Optiken reduziert. Mit dem Einsatz mehrerer Feldlinse/Umkehroptik-Einheiten in Folge lassen sich so größere Strecken optisch überwinden, wie z.B. bei Periskopen.

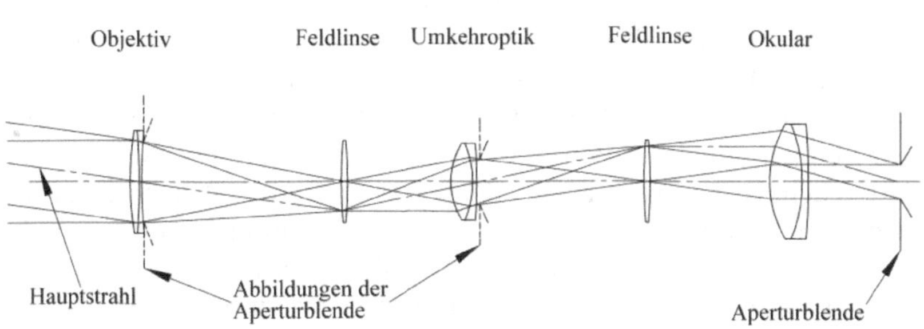

Tiefenschärfe

Die Tiefenschärfe einer Optik ergibt sich daraus, welche Änderung des Punktbildes in der Bildebene noch für eine Anwendung akzeptabel ist. Um dies zu ermitteln, benötigt man einige Angaben, wie die Größe des kleinsten Auflösungspunktes der Sensorik, die tatsächliche Größe der Beugungsscheibe, die relative Öffnung bzw. den Austrittswinkel des Randstrahles, und natürlich braucht man ein Mass dafür, welche Änderung der Bildschärfe noch akzeptabel ist.

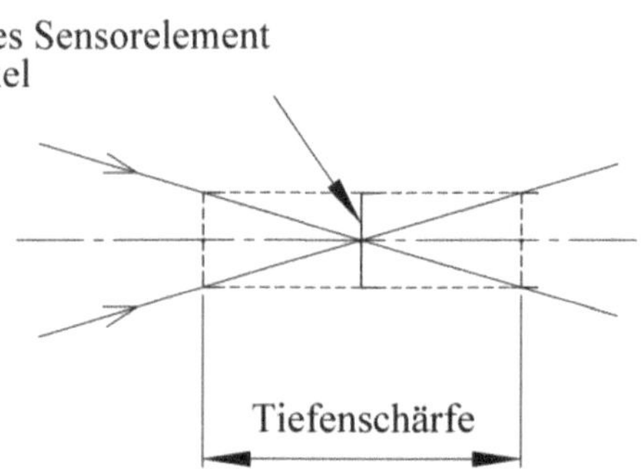

Zoomoptik

Eine Besonderheit bilden Zoomoptiken, die entweder bei Objektiven die Brennweite verändern, oder aber bei Teleskopen die Vergrößerung. Da in der Regel die Sensorik gegeben ist, d. h. die Bildhöhe bleibt konstant, wird sich während des Zoomvorganges das Gesichtsfeld, bzw. proportional dazu, das geometrische Auflösungsvermögen ändern. Die besondere Herausforderung für den optischen Rechner besteht darin, eine Zoomoptik so zu konfektionieren, dass in jeder Zoomposition die Abbildungsgüte den Anforderungen entspricht. Der Aufwand, um dies zu erreichen, ist natürlich höher als bei einer Optik mit fixer Brennweite bzw. Vergrößerung. Die Zoomoptik wird mehr Linsen beinhalten und die Mechanik muss die beweglichen Zoomglieder recht genau positionieren. Das heißt, den Vorteil der veränderlichen Brennweite muss man mit erhöhtem Aufwand bezahlen, und oft muss man auch Kompromisse bezüglich der Abbildungsgüte eingehen.

Zoomobjektiv

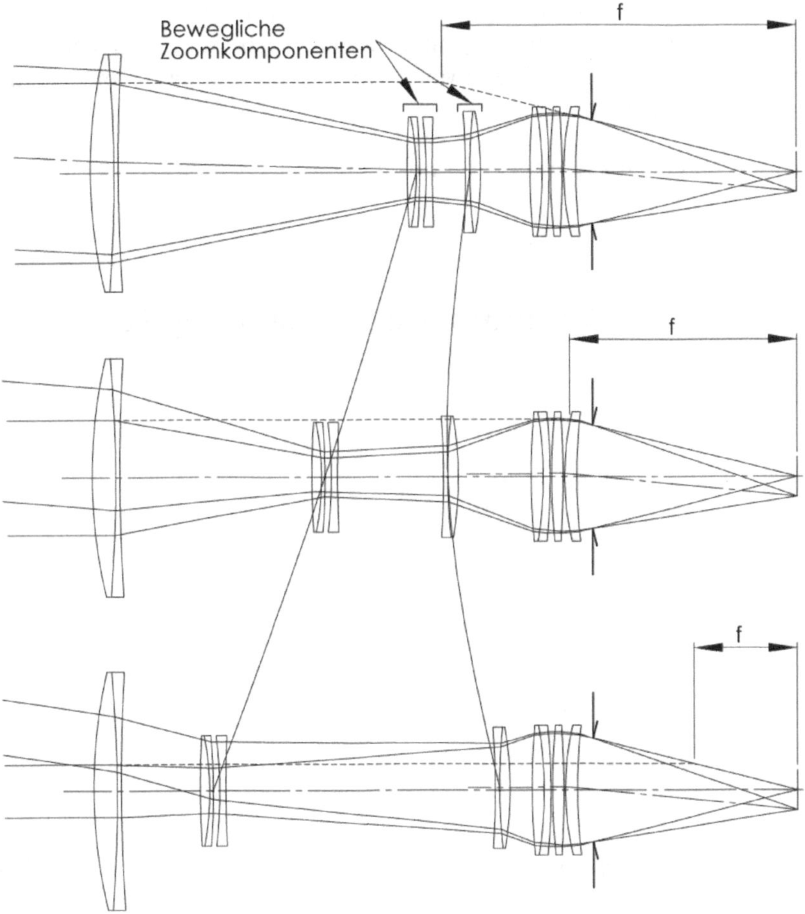

Anamorphische Optik

Wie der Name schon sagt, ist dies eine Optik, die nicht homogen (amorph) ist. Die Inhomogenität bezieht sich auf unterschiedliche Vergrößerungen bzw. Brennweiten in der meridionalen und in der sagittalen Ebene.

Dieses lässt sich z.B. mit einer Anordnung von Prismen erreichen:

Anamorphische Prismenoptik

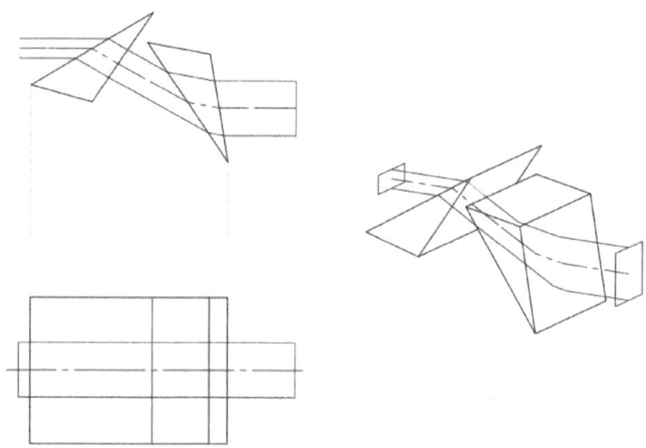

Eine andere Möglichkeit bietet der Einsatz von torischen Optiken. Torische Optiken haben in der meridionalen und in der sagittalen Ebene unterschiedliche Krümmungen respektive Brennweiten. Die gebräuchlichsten torischen Optiken sind die Zylinderlinsen. Diese bilden den Sonderfall, dass in einer Ebene $R = \infty$ ist. Das bedeutet, dass sie in der einen Ebene wie eine planparallele Platte wirken und in der anderen Ebene wie eine abbildende Linse.

Zylinderlinse

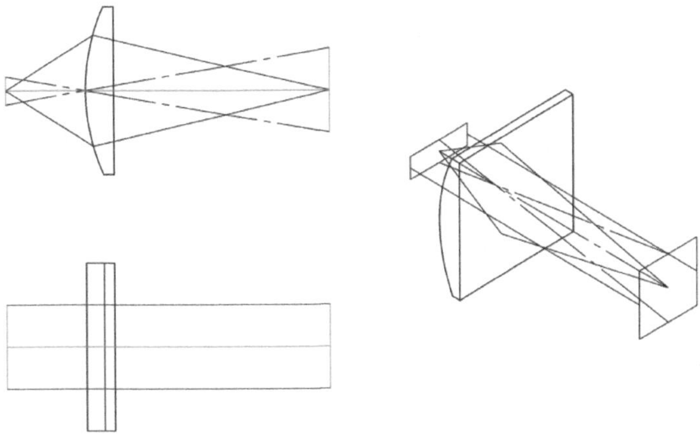

Durch die unterschiedlichen Abbildungsmaßstäbe in den Ebenen wird ein Objekt entsprechend verzerrt und man kann z. B. aus einer Punktquelle durchaus eine Linie erzeugen.

Eine sehr prominente Anwendung anamorphischer Optiken ist das Konditionieren der Strahlung von Laserdioden. Der Abstrahlwinkel und die Grösse von Laserdioden ist in den beiden Ebenen unterschiedlich, was zu einem elliptischen Strahlquerschnitt führt. Außerdem ist die Wellenfront mit einem je nach Laserdiode Typ mehr oder weniger starken Astigmatismus behaftet. Dies ist in der Bau- und Funktionsweise von Laserdioden begründet. Da Astigmatismus nun mal das Vorhandensein zweier Bildebenen bedeutet, kann man den Strahlengang mit einer rotations-symmetrischen Optik nicht vollständig kollimieren. Paralleler Strahlengang lässt sich jeweils nur für eine Ebene einstellen. Abhilfe schafft hier der Einsatz einer Zylinderoptik. Diese wird den parallel eingestellten Strahlengang in seiner Ebene unverändert durchlassen, da in dieser Ebene $R = \infty$ ist. In der anderen Ebene wird der Strahlengang durch die Krümmung der Linse parallel gerichtet. Der Strahlengang der Laserdiode wäre nun sauber kollimiert. Der Strahlquerschnitt ist jedoch weiterhin elliptisch.

Wenn dies in der Anwendung stört, dann muss eine nachgeschaltete anamorphische Optik dies ändern. Diese kann eine Anordnung von Prismen sein oder ein Objektiv aus Zylinderlinsen.

Anamorphische Optik

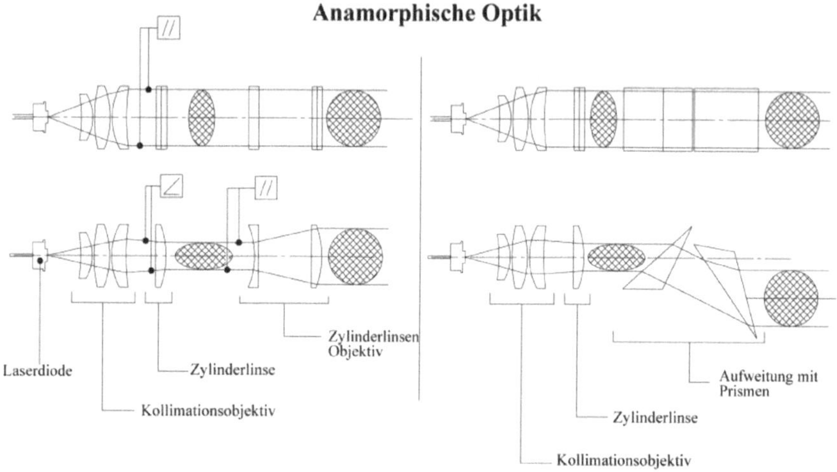

Optische Scanner

Scanner sind dynamische, optische Hilfsmittel, die einen Strahlversatz bzw. eine Strahlauslenkung verursachen. Sie werden meistens bei Anwendungen mit Lasern eingesetzt. Die gebräuchlichsten optischen Komponenten, die dieses bewirken können, sind:

- Schwingspiegel,
- (Transmissions-) Reflexionspolygone,
- Optische Keilplatten.

Im Grunde genommen kann jedes optische Bauteil, das bei Bewegung einen Strahlversatz bzw. eine Strahlauslenkung bewirkt, als Scanner verwendet werden. Das ist nur limitiert von der Fantasie des Anwenders.

Schwingspiegel werden entweder von einem elektrischen Motor angetrieben oder als Sonderfall von einer Spule in Resonanzfrequenz gebracht. In jedem Fall sollte die zu bewegende Masse und die Massenträgheit so gering wie möglich gehalten werden, um die Motorleistung zu minimieren und um die Beschleunigungszeit in den Endpunkten gering zu halten. Der Spiegel sollte außerdem ausreichend verwindungssteif sein. Motorisch angetriebene Schwingspiegel erlauben die Einstellung der Schwingfrequenz und der Bewegungscharakteristik, z.B sägezahnförmig. Schwingspiegel, bei denen die Resonanzfrequenz genutzt wird, sind in der Frequenz kaum einstellbar und die Bewegungscharakteristik entspricht dem eines Sinus. Der Vorteil dieser Art von Antrieb ist der einfachere und kleinere Aufbau, hohe Lebensdauer und der geringere Preis. Ein weiterer genereller Vorteil von Schwingspiegeln ist, dass die Spiegel-fläche exakt in der Drehachse positioniert werden kann, d.h. kein Pupillenhub. Die Anwendung entscheidet letztlich, welcher Antrieb genutzt wird. Durch die oszilierende Bewegung entstehen auch Vibrationen, die auf das Umfeld übertragen werden, wenn sie nicht in irgendeiner Form gedämpft werden.

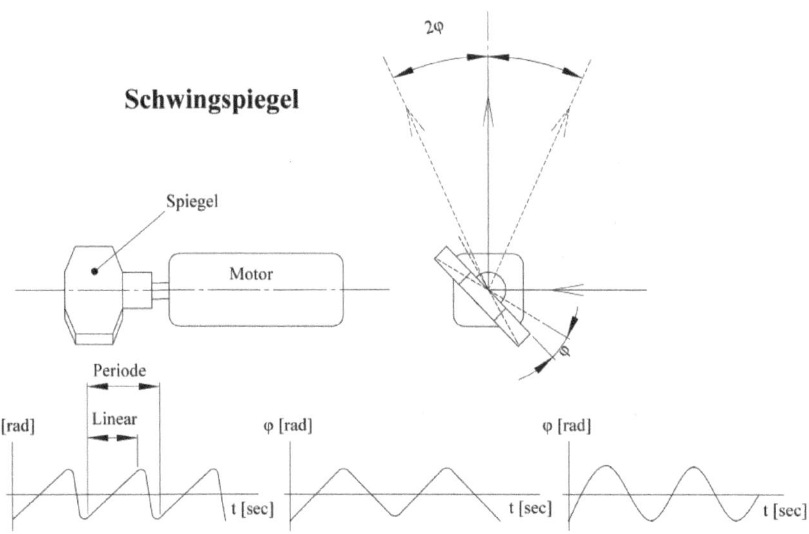

Reflexionspolygone sind hervorragend dazu geeignet, um hohe Abtastgeschwindigkeiten zu erzielen und außerdem weisen sie eine lineare Winkelauslenkung über der Zeit auf. Der Antrieb ist ebenfalls recht einfach, da es sich dabei nur um eine Rotationsachse handelt.

Die benötigte Anzahl der Flächen und die Schlüsselweite ergeben sich aus den geforderten Abtastwinkeln und der Größe des Strahlquer-schnittes. Typische Polygonscanner sind:

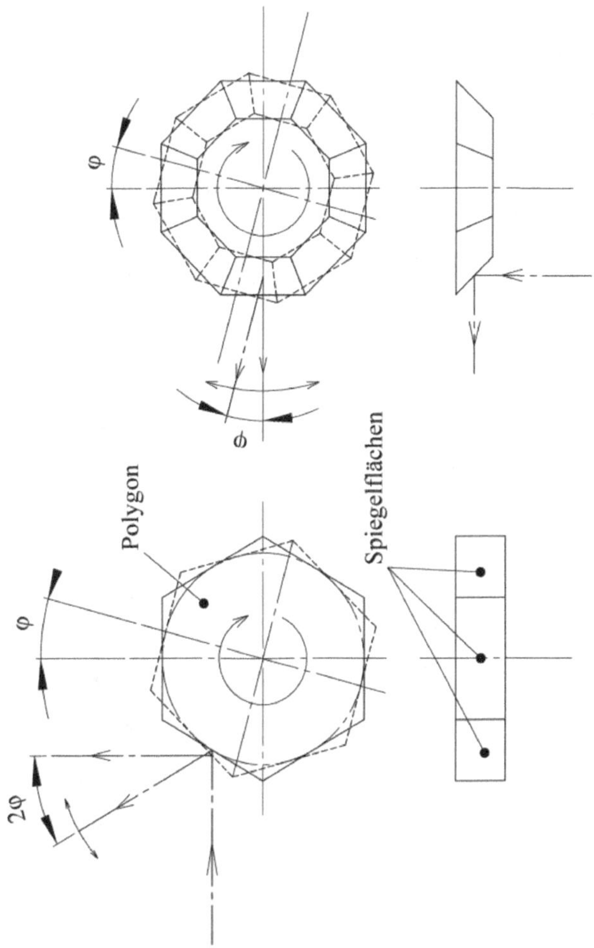

Bei der Auslegung von Polygonscannern müssen einige Größen und Vorgaben beachtet werden, wie:

- Teilgenauigkeit von Fläche zu Fläche. Diese ergibt sich bei der Polygonherstellung, und mit zunehmender Genauigkeit steigt natürlich auch der Preis.

- Taumelfehler, auch Pyramidalwinkel genannt. Dieser setzt sich zusammen aus Fertigungstoleranzen des Polygons und der Qualität der Lagerung. Sowohl der zulässige Pyramidalwinkelfehler als auch die Teilgenauigkeit müssen aus der Aufgabenstellung ermittelt werden.

- Effektiver Abtastwinkel ohne Abschattung der Pupille. Wenn der abzutastende optische Strahl, der ja eine endliche Größe hat, in die Nähe der Kante zwischen zwei Flächen gelangt, dann wird ein Teil des Strahles schon von der nächsten Fläche gesehen und entsprechend der Winkellage dieser Fläche reflektiert. Das bedeutet natürlich, dass ein Teil der Strahlleistung weggeschnitten wird.

- Pupillenhub. Speziell bei Polygonen mit geringer Flächenzahl findet ein von der Bewegungsgeometrie verursachter Pupillenhub statt. Im konvergenten bzw. divergenten Strahlengang kann Pupillenhub einigen Einfluss auf den nachfolgenden Strahlengang haben. Im parallelen Strahlengang bewirkt er nur eine fiktive Vergrößerung der Pupille, dies ist meistens nicht so problematisch.

- Winkellage des einfallenden Strahles zur reflektierenden Fläche und zu der Drehachse des Polygons. Die Winkellage ist entscheidend, um die Form der Abtastlinie zu bestimmen. Diese wird in den meisten Anwendungen eine Gerade sein, kann aber auch bogenförmig verlaufen bei entsprechender Positionierung des Polygones relativ zum optischen Strahl.

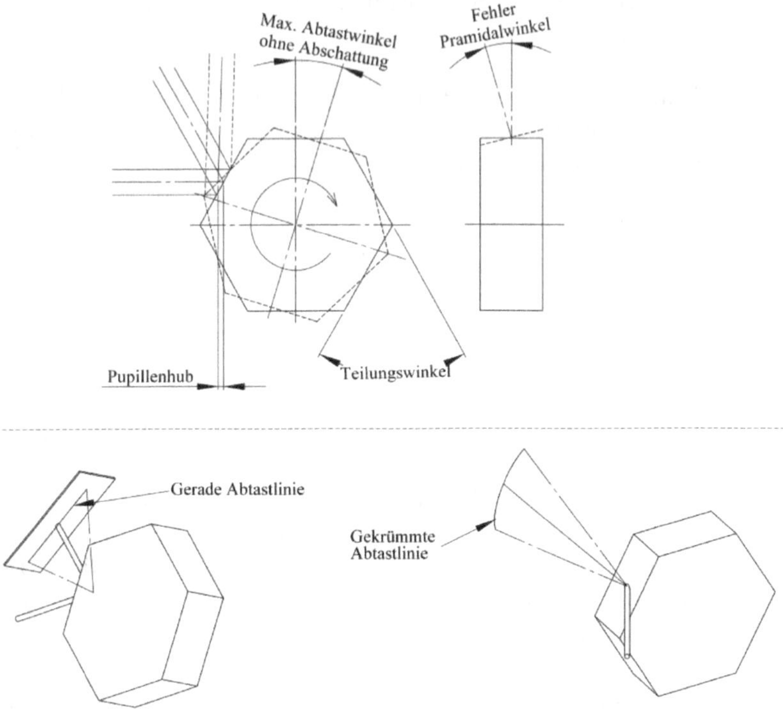

Transmissionspolygone sind aus optisch transparenten Materialien hergestellt. Der optische Strahl dringt in die polierte Fläche ein und tritt auf der gegenüberliegenden Fläche wieder aus. Da so ein Polygon sich optisch ähnlich wie ein Prisma verhält, treten im konvergenten bzw. divergenten Strahlengang sphärische und chromatische Aberrationen auf. Für außeraxiale Strahlengänge kommt auch noch Astigmatismus hinzu. Es gilt, wie auch bei Prismen, dass ein Transmissionspolygon in der optischen Rechnung berücksichtigt werden muss.

Transmissionspolygone sind in der Fertigung aufwendiger als Reflektions-polygone und somit auch teurer.

Transmissionspolygon

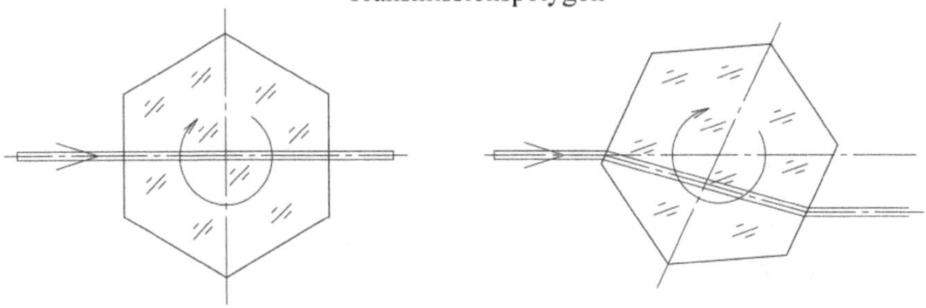

Optische Keilplatten kennzeichnen sich dadurch, dass zwei gegenüberliegende Flächen eines optisch transparenten Materiales einen Winkel bilden. Bei Drehung wird der Strahl kreisförmig ausgelenkt.

Wenn die Aufgabenstellung nun so ist, dass der optische Strahl in zwei Ebenen ausgelenkt werden soll, dann benötigt man in der Regel zwei Scanner, für jede Ebene einen. Der Strahl wird nach dem ersten Scanner der Aufgabe folgend um den Scanwinkel aufgefächert. Der zweite Scanner müßte nun um einiges größer sein, um diesen aufgefächerten Strahlengang noch aufzufangen und ihn in der anderen Ebene auszulenken. Wenn dies nicht akzeptabel ist, dann muss man die Apertur, die auf dem ersten Scanner liegt, auf dem zweiten Scanner abbilden. Das so entstandene Abtastbild hängt stark vom Verhältnis der Winkelgeschwindigkeiten der beiden Scanner ab.

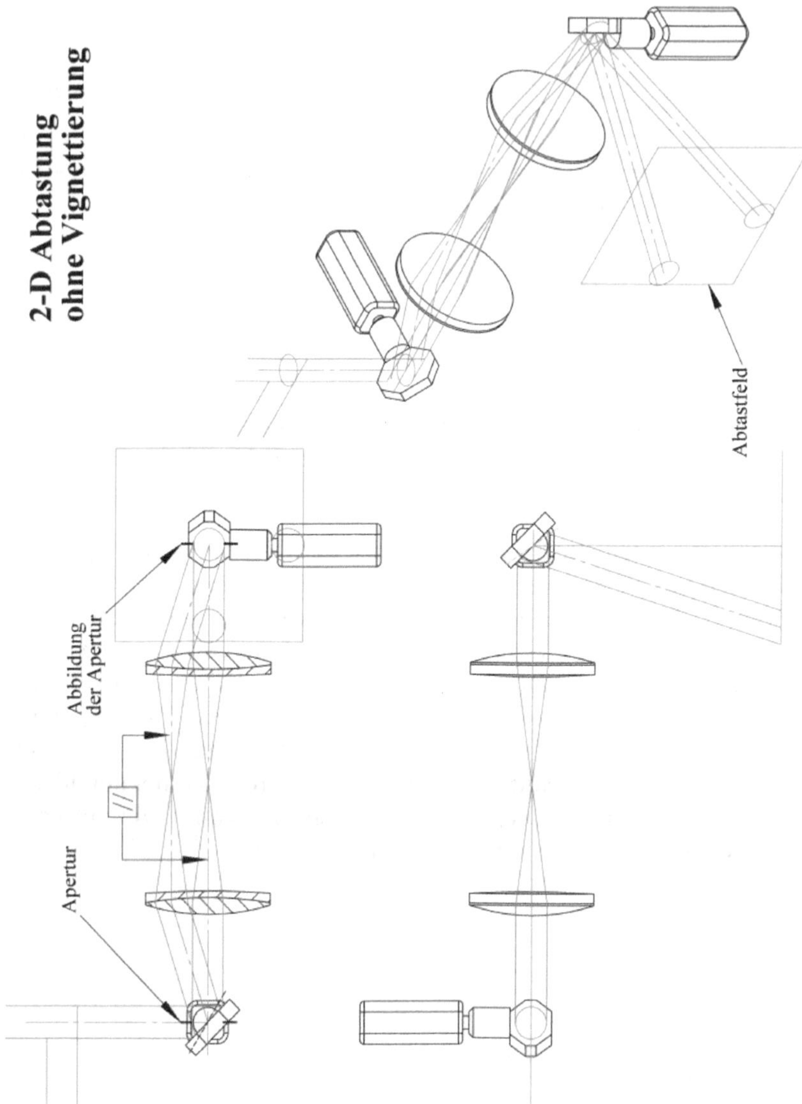
2-D Abtastung
ohne Vignettierung
Abbildung
der Apertur
Apertur
Abtastfeld

Interferometer

Der Effekt der Interferenz, d. h. wenn zwei Wellenzüge sich überlappen und je nach Phasenlage entweder addieren oder auslöschen, kann unter anderem zu Messzwecken verwendet werden.

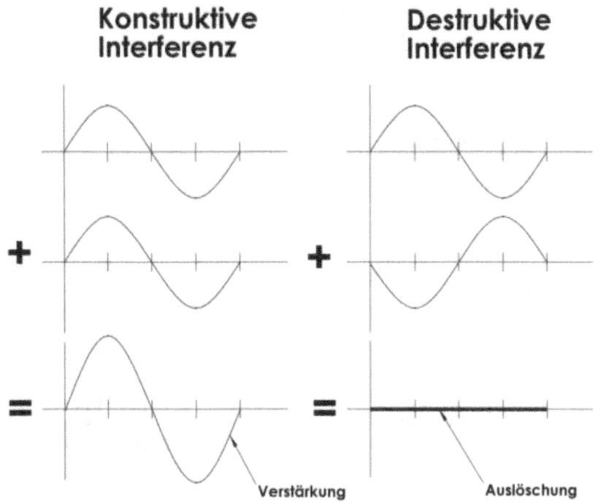

Damit vernünftig auswertbare Interferenz eintreten kann, müssen die beteiligten Wellenzüge monochromatisch, kohärent und polarisiert sein.

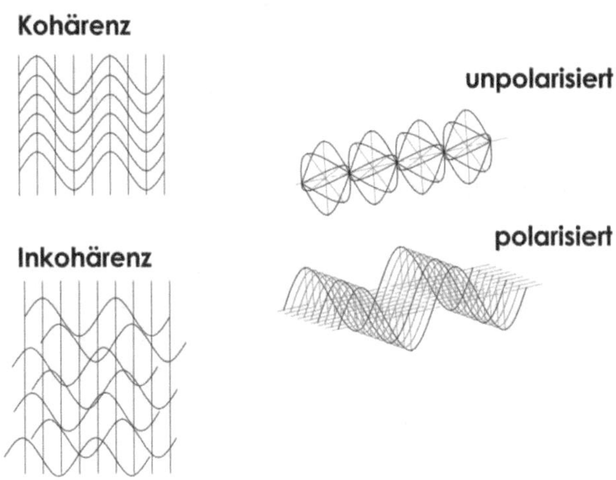

Wie dieses optisch zu bewerkstelligen ist, wird an und für sich nur von der Fantasie des Anwenders begrenzt. Es gibt jedoch einige interferometrische Systeme, die oft Anwendung finden, wie:

- Michelson- Interferometer
- Mach-Zehnder- Interferometer
- Fizeau- Interferometer

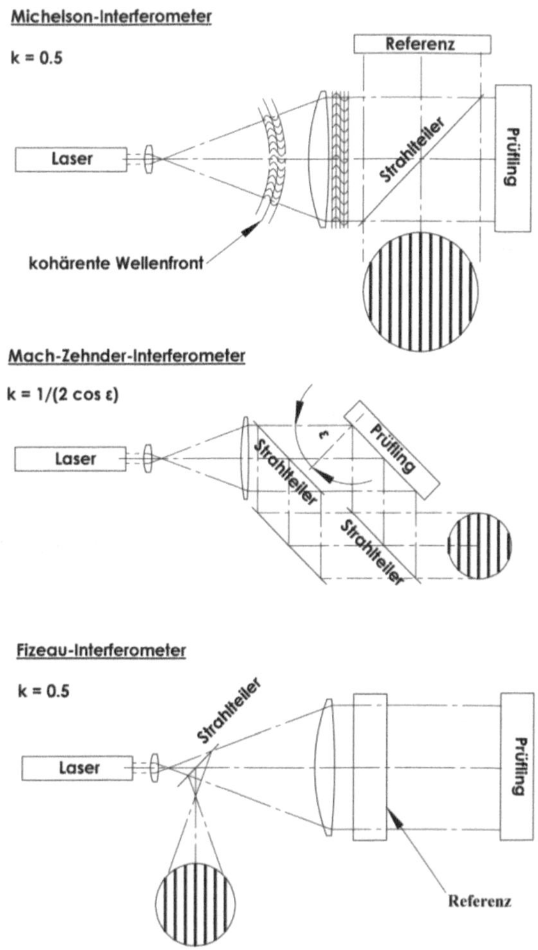

Typische Anwendungen sind:

- Messung der Formgenauigkeit von reflektierenden Flächen wie plan, sphärisch oder asphärisch.
- Radiusmessung.
- Homogenität des Brechungsindex von optisch transparenten Materialien.
- Hilfe bei Montage und Justage optischer Komponenten.
- Messung der Wellenfront optischer Komponenten.

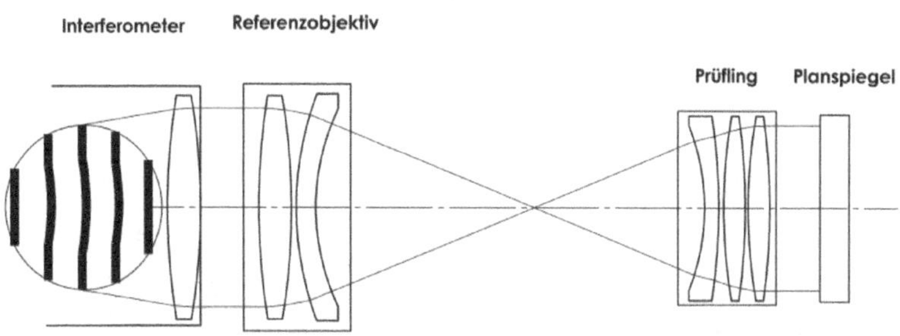

Ein Interferometer ist somit hervorragend geeignet, um die Wellenfrontdeformation [OPD] eines fertig montierten optischen Systems zu messen. Man muss jedoch dabei berücksichtigen, dass die Messwellenfront zwei-mal durch den Prüfling geht, d.h. der Fehler verdoppelt sich in erster Näherung. Wenn man jedoch einen Mach-Zehnder-Interferometer für die Messung der OPD wählt, dann bekommt man die tatsächliche Wellenfrontdeformation des Prüflings.

Eine weitere Anwendung von Interferometern, ist die berührungslose Messung von Wegstrecken bei dynamischen Anwendungen. Der Aufbau des Michelson-Interferometers eignet sich in modifizierter Form besonders gut hierzu.

Literaturhinweise

Smith, Warren J.: Modern Optical Engineering. New York (McGraw-Hill) 2000.

Marshal, Gerald F.: Optical Scanning. New York (Marcel Dekker) 1991.

Kross J.: Einführung in die Interferometrie. Darmstadt (L.O.T. Seminar) 1989.

Schröder, Gottfried; Treiber Hanskarl: Technische Optik: Grundlagen und Anwendungen. Würzburg (Vogel Business Media) 2007.

4 Sensorik

4.1 Das Auge

Das menschliche Auge bildet ein komplettes abbildendes optisches System. Es ist mit einer fokussierbaren Linse, einer verstellbaren Apertur und mit der Sensorik (Stäbchen und Zäpfchen) ausgestattet. Das Auge ist in vielen Fällen der Abschluss einer optischen Funktionsstrecke, sei es bei direkter Beobachtung, z.B. durch ein Teleskop, oder indirekter Beobachtung einer Mattscheibe oder eines Monitores.

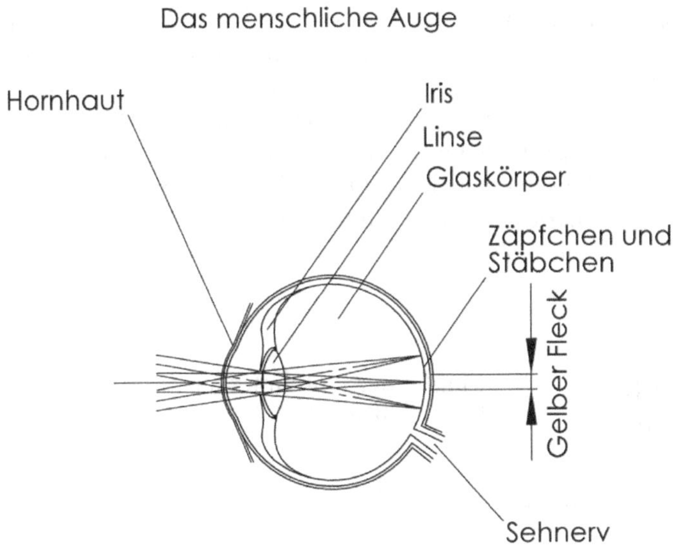

Die Fokussierung geschieht, indem die Linse durch einen sie umschließenden Muskel deformiert wird und dadurch ihre Brennweite ändert. Die Gesamtbrennweite (Hornhaut+Linse+Glaskörper) kann so etwa zwischen 17 mm und 22 mm verändert werden.

Für den Anwender ist es sehr wichtig, die Leistungsfähigkeit des Auges zu kennen, um optische Systeme passend dazu auszulegen. Wichtige Eigenschaftes des Auges für Anwendungen in der technischen Optik sind:

- Durchmesser der Apertur (Iris)
- Geometrisches Auflösungsvermögen
- Spektrale Empfindlichkeit
- Augenabstand (55 mm bis 75 mm)

Die verstellbare Apertur (auch Iris genannt) ist nicht nur für die Augenfarbe verantwortlich, sie regelt auch die einfallende Lichtmenge auf die Sensorik des Auges. Der Durchmesser kann zwischen D=1 mm und D=8 mm betragen. Wenn man eine mittlere Brennweite des Auges von f=20 mm annimmt, dann wäre die relative Apertur des Auges im Bereich von $FNO_{max}=f/D=20/1=20$ und $FNO_{min}=20/8=2.5$. Dies erinnert sehr an die verstellbaren Aperturblenden bei Photoobjektiven, die bei diesen Systemen den gleichen Zweck erfüllen. Mit dem Älterwerden lässt die Fähigkeit der Iris, sich zu öffnen, jedoch nach. Ein 50-jähriger Mensch kann die Iris nur noch bis zu einem Durchmesser von etwa D=5.5 mm öffnen. Diese Werte differieren von Mensch zu Mensch, sind aber tendenziell vergleichbar.

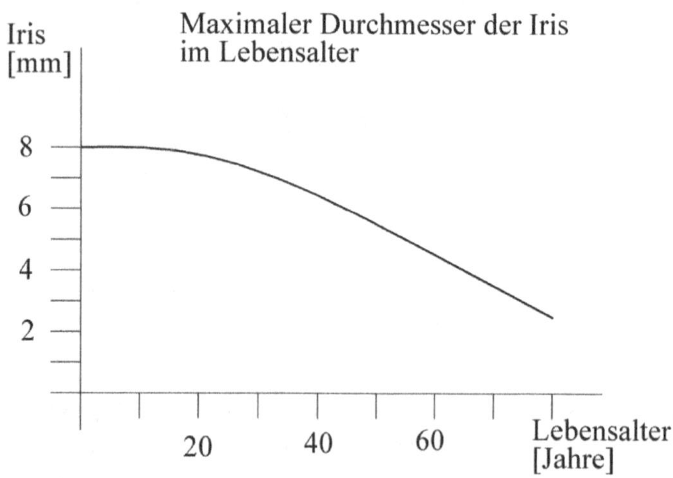

Die Sensorik des Auges besteht aus etwa 7 Millionen Zäpfchen und 120 Millionen Stäbchen. Die Zäpfchen sind mehr in der Mitte des Sehfeldes, d. h. auf der optischen Achse konzentriert angeordnet. Man nennt dies auch den Gelben Fleck. Sie sind auch nach außen hin noch vorhanden, aber mit geringerer Konzentration. Sie sind für das Farbsehen und für die Erkennung kleiner Details verantwortlich. Deswegen ist die geometrische Auflösung in der Mitte am höchsten und fällt zum Rand des Sehfeldes hin stark ab.

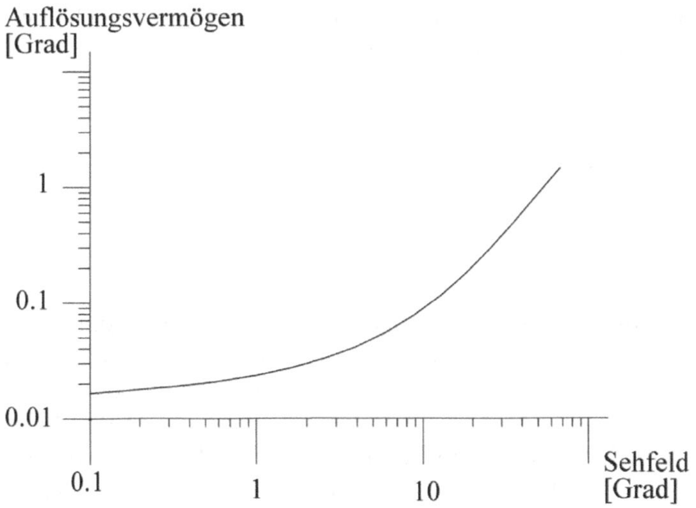

Das höchste Auflösungsvermögen des Auges beträgt in der Mitte etwa 1' (1/60°). Das bedeutet, dass Objekte, die eine Winkelablage von 1'=0.0167° haben, noch getrennt wahrgenommen werden können.

Beispiel:

In 100 Meter Entfernung etwa können noch Objekte mit dem Auge getrennt wahrgenommen werden; die Δy=29 mm getrennt sind:

$$\Delta y = 100m \cdot \tan 0.0167° = 0.029$$

Wenn aber die Forderung besteht, in 100 Meter Entfernung Objekte zu erkennen, die Δy_1= 10 mm voneinander getrennt sind, dann benötigt man dazu ein Teleskop mit der Vergrößerung:

$$x = \frac{\Delta y}{\Delta y_1} = \frac{29}{10} \approx 3$$

Die Stäbchen sind mehr außerhalb der optischen Achse, d. h. des Gelben Fleckes angeordnet und können im Gegensatz zu den Zäpfchen keine Farben erkennen. Sie sehen nur hell oder dunkel, dieses aber mit sehr hoher Lichtempfindlichkeit. Der Lichtempfindlichkeit des Auges wird zum einen durch die Iris Rechnung getragen und zum anderen durch die Hell- und Dunkeladaption. Während die Anpassung der Iris an herrschende Lichtverhältnisse recht schnell erfolgt, dauert die Dunkeladaption des Auges 25 bis 40 Minuten. Die Dunkeladaption erfolgt durch einen biochemischen Prozess in den Stäbchen. Das bedeutet, dass es beim Übergang von starken zu sehr schwachen Lichtverhältnissen recht lange dauert, bis das Auge seine volle Empfindlichkeit erreicht. Umgekehrt erfolgt die Helladaption sehr schnell.

Dem muss man Rechnung tragen bei Arbeiten in abgedunkelten Labors, wo das Auge eine wichtige Funktion in der Erkennung geringer Lichtintensitäten hat, oder aber auch in der Astronomie.

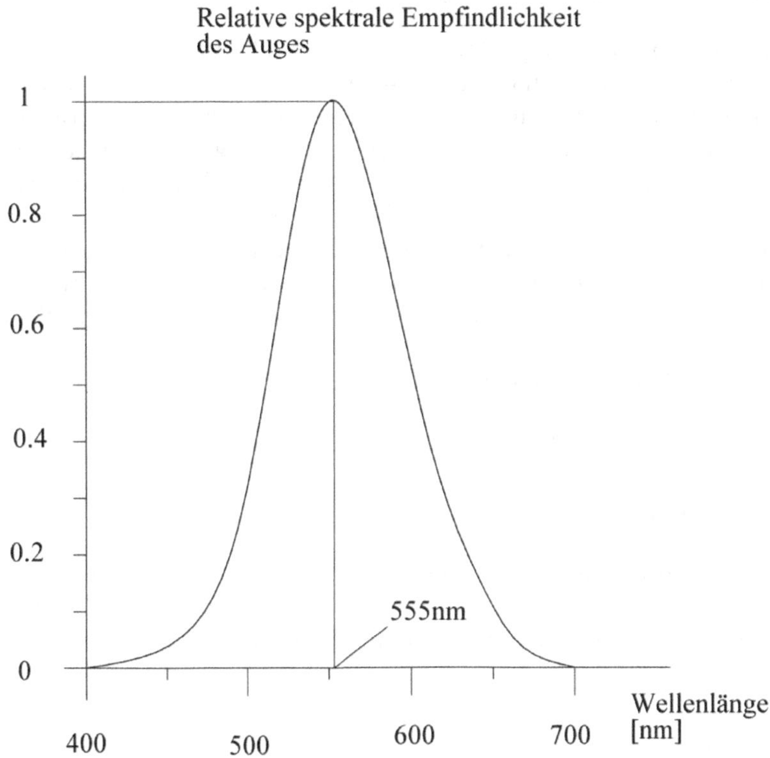

<u>*Literaturhinweise*</u>

Smith, Warren J.: Modern Optical Engineering. New York (McGraw-Hill) 2000.

Pforte, Heiz: Feinoptiker Teil 2. Berlin (VEB Verlag Technik) 1980.

4.2 Photoelektrische Sensoren

Bauelemente, die den photoelektrischen Effekt nutzen, sind die wohl mit verbreitetsten Sensoren für optische Strahlung. Der photoelektrische Effekt besagt, dass, wenn elektromagnetische Strahlung (Licht) auf einen metallischen Leiter trifft, negative Ladungsträger (Elektronen) freigesetzt werden. Die Anzahl dieser Elektronen hängt von der Anzahl der Photonen ab. Es gibt unterschiedliche Ansätze, wie dies ausgewertet wird, wie z.B. in CCD (Charge Coupled Device)-Sensoren. Die Wirkungsweise existierender Sensoren ist eher ein Thema für Elektroniker. Für den Anwender sind andere Eigenschaften wichtig, wie:

- Spektrale Empfindlichkeit.
- Anzahl der Lichtempfindlichen Sensoren (Pixel).
- Geometrische Größe der Pixel und ihre Anordnung.

Die spektrale Empfindlichkeit hängt vom Material des Sensors und dessen Dotierung ab. Die im VIS und NIR benutzten Sensoren sind aus Silizium gefertigt und die typische Empfindlichkeit sieht folgendermaßen aus:

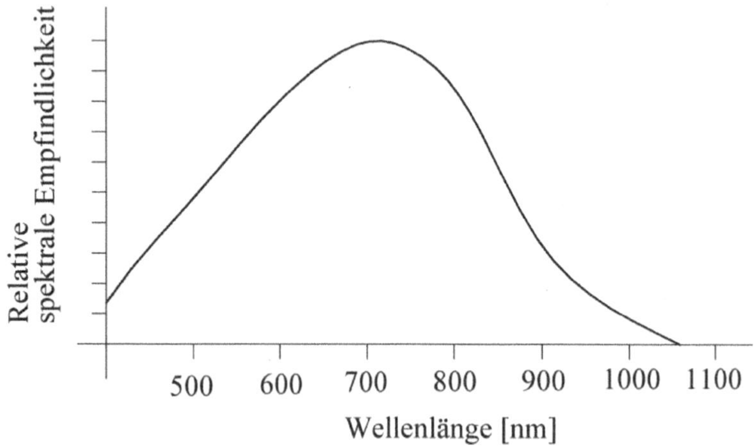

Der Verlauf der spektralen Empfindlichkeit differiert zwischen den Herstellern und hängt auch stark von der Dotierung des Siliziums ab. Manche Sensoren sind zudem mit einem Filter (IR cut-off) versehen, der die Wellenlängen oberhalb von 700 nm blockiert.

Im einfachsten Fall kann es sich um einen Einelementsensor handeln, der die einfallende Strahlung quantitativ misst. Dieser erlaubt natürlich keine Differenzierung zwischen zwei Bildpunkten und ist somit eventuell für Beleuchtungszwecke geeignet, aber nicht für die Abbildung eines Objekts.

Eine Aneinanderreihung mehrerer Einelementsensoren erlaubt schon die Abbildung von Objekten. CCD-Sensoren haben in einfacher Ausführung etwa 500 x 500 Pixel, sind aber auch durchaus bis 4000 x 4000 Pixel oder mehr verfügbar.

Die geometrische Größe der Pixel hat Einfluss auf das geometrische Auflösungsvermögen eines Systems und auf die Lichtempfindlichkeit. Je kleiner ein Pixel wird, umso besser wird das geometrische Auflösungsvermögen bei fester Brennweite. Umgekehrt erhöht sich die Lichtempfindlichkeit mit größer werdenden Pixeln. Das geometrische Auflösungsvermögen [$\Delta\omega$] rechnet sich als:

$$\boldsymbol{\Delta\omega = \tan^{-1}\left(\frac{p_{H;V}}{a'}\right)}$$

$p_H; p_V = Pixelgrösse\ (Horizontal, Vertikal)\ [mm]$

$a' = Bildweite\ [mm]$

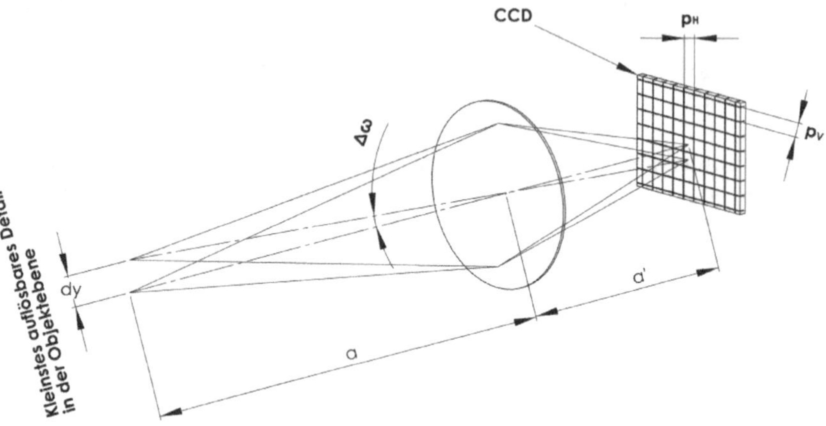

Für große Objektweite [a>>f] wird a' ≈ f (Brennweite).

Die angegebene Pixelgröße ist in der Regel auch der Mittelabstand zwischen zwei Pixeln. Diese muss nicht notwendigerweise der lichtempfindlichen Fläche entsprechen. Diese kann, bedingt durch Ausleseregister, kleiner sein.

Bei den meisten üblichen CCD-Kameras liegt die geometrische Größe von Pixeln zwischen 0.005 mm bis 0.02 mm. Es gibt natürlich auch CCDs für Sonderanwendungen, deren Pixelgröße in beiden Richtungen abweichen können.

Oft sind die Pixel horizontal und vertikal unterschiedlich groß, was auch ein unterschiedliches Auflösungsvermögen in den Ebenen bedeutet. Normalerweise sind diese Unterschiede so gering, dass es nicht weiter stört. Bei manchen Anwendungen aber, z.B. Messtechnik, muss dies berücksichtigt oder ganz vermieden werden.

Die Anzahl der Pixel in horizontaler wie in vertikaler Richtung beeinflussen das Sehfeld, haben aber keinen Einfluss auf das geometrische Auflösungsvermögen.

Beispiel:

Eine CCD-Kamera mit einem Objektiv (f=50 mm) soll in a=30 Meter Entfernung einen Eingang bewachen. Der Sensor hat eine Pixelgröße von p_H=0.0094 mm/p_V=0.0086 mm, außerdem 763 Pixel horizontal und 570 Pixel vertikal. Welches geometrische Auflösungsvermögen und Sehfeld hat die Überwachungseinheit?

Das geometrische Auflösungsvermögen ist (a>>f):

$$\Delta\omega_H = \tan^{-1}\left(\frac{p_H}{f}\right) = \tan^{-1}\frac{0.0094}{50} = 0.011° \sim 0.19\ mrad\ \ [Horizontal]$$

$$\Delta\omega_V = \tan^{-1}\left(\frac{p_V}{f}\right) = \tan^{-1}\frac{0.0086}{50} = 0.01° \sim 0.17\ mrad\ [Vertikal]$$

In der Objektebene ist das kleinste auflösbare Detail:

$$dy_H = \tan(\Delta\omega_H)\cdot a = \tan 0.011 \cdot 30\ m = 0.0057\ m = 5.7\ mm$$

Das Sehfeld (FOV) hängt unter anderem von der Größe der Bildebene, d.h. Anzahl der Pixel, ab. Die Größe des Sensors ist:

$$y'_H = 0.0094 \cdot 763 = 7.17\ mm$$

Das horizontale Gesichtsfeld ist:

$$FOV_H = 2\cdot\tan^{-1}\frac{7.17}{2\cdot 50} = 8.2°$$

Die horizontale Objektweite in der Objektebene ist:

$$y = 2\cdot a\cdot\tan\left(\frac{FOV_H}{2}\right) = 2\cdot 30\cdot\tan\left(\frac{8.2}{2}\right) = 4.3\ m$$

Diese Werte können mit den entsprechenden Eingaben genauso auch vertikal berechnet werden.

Ein weiterer wichtiger Aspekt der Schnittstellen zu einem CCD ist, wie die einkommende Lichtintensität gesteuert wird.

In der Annahme, dass die Beleuchtung ausgehend vom Objekt keine beeinflussbare Größe ist, gibt es drei Möglichkeiten, die Signalstärke von Sensoren zu beeinflussen:

- Apertur Blende, Irisblende: Eine mechanisch betätigte Blende passt den Durchmesser der Apertur der von der Szene ausgehenden Lichtintensität an. Bei stark geschlossener Blende, d.h. hoher relativer Apertur (FNO), kann die MTF schlechter werden.

- Automatische Verstärkungsregelung (AGC, Automatic Gain Control): Das direkt vom Sensor ausgehende elektrische Signal wird über Verstärker so konditioniert, dass er für die folgende Signalverarbeitung tauglich ist. Der Verstärkungsfaktor ist automatisch sowie manuell einstellbar. Im automatischen Modus misst die Kamera den Signallevel in der Szene und wählt dann eine Verstärkung, die speziell hohe Signale in einen definierten Bereich bringt, um Überstrahlen zu verhindern. Der Dynamikbereich, d.h. schwächste bis stärkste noch einstellbare Beleuchtung, ist wie bei der Irisblende begrenzt. Es wird auch oft eine Kombination von AGC und Irisblende verwendet, um eben den Dynamikbereich zu erhöhen.

- Elektronischer Shutter: Die Integrationszeit am Sensor, die typischerweise 20 msec (1/50) beträgt, um eine Bildfrequenz von 50 Hz zu ermöglichen, ist die Zeit, in der die einfallende Strahlung den photoelektrischen Effekt bewirken kann, d.h. Signal produzieren. Kürzere Integrationszeiten führen zu einem geringeren Signal und umgekehrt. Der elektronische Shutter beeinflusst die Integrationszeit, z. B. zwischen 1/10000 und 1/50, und ermöglicht so einen hohen Dynamikbereich.

Atmosphärische Fenster

Die uns umgebende Atmosphäre lässt einige Wellenlängenbereiche durch, andere nicht. Diese atmosphärischen Fenster für verschiedene Wellenlängenbereiche haben charakteristische Eigenschaften und werden technisch für verschiedenste Anwendungen genutzt.

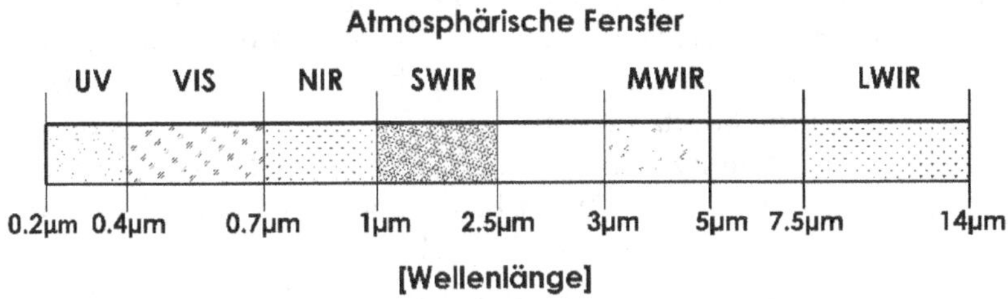

Energiereiche UV (Ultra Violett) Strahlung wird z. B. zur Desinfektion benützt, da sie Bakterien und Viren abtötet. In der Medizin werden damit unter anderem auch Hautkrankheiten behandelt.

Der sichtbare Bereich VIS (VISible) ist das atmosphärische Fenster mit den wohl meisten Anwendungen.

Im NIR (Near Infra Red), sind ähnliche Applikationen wie im VIS doch mit dem Unterschied, dass Reflexion und Transmission der etwas längeren Wellenlängen von deren im VIS verschieden sind und eine gewisse Aussagekraft über Oberflächen und Materialien hat.

Die wohl am häufigsten verwendeten Bildsensoren sind CCD oder CMOS Detektoren auf Silizium Basis für den sichtbaren und dem NIR Bereich. Silizium kann man dementsprechend dotieren, dass die maximale Empfindlichkeit in Richtung sichtbares Licht verschoben wird. Der Empfindlichkeitsbereich für diese Art von Detektoren ist von 0.4 – 1.1 µm Wellenlänge.

Für längere Wellenlängen ist Silizium nicht geeignet, da es ab da transparent wird und die Photonen einfach durchgehen, statt im p-n Übergang Elektronen freizusetzen.

Für kürzere Wellenlängen im UV Bereich, kann man jedoch die Empfindlichkeit von Silizium, mit entsprechenden Verfahren, noch herunter bis zu 0.2 µm erweitern.

Die Entwicklung dieser Sensoren bringt immer kleinere Pixelgrößen hervor und dürfte schon in Richtung 1 µm Kantenlänge gehen.

Der Wellenlängenbereich 0.7 – 1 µm nennt man NIR (Near Infra Red). Bildsensoren für Kameras im sichtbaren Licht haben oft einen NIR Filter, der diesen Bereich ausblendet. Dies geschieht, um die Bildqualität in Form von MTF zu verbessern. Es ist deutlich aufwendiger eine Optik von 0.4 – 1 µm chromatisch zu korrigieren, als diese nur im sichtbaren Bereich 0.4 – 0.7 µm zu optimieren. Natürlich funktioniert das auch andersherum, indem man VIS ausblendet und nur den NIR Bereich benutzt. Dennoch, es gibt durchaus auch Anwendungen für den NIR Bereich. Besonders bei der Inspektion von Materialien und Lebensmitteln können Beobachtungen im NIR Bereich zusätzliche Informationen liefern.

Der Bereich SWIR (Short Wave Infra Red) wird besonders für Material und Lebensmittel Inspektionen verwendet, bietet aber auch eine eingeschränkte Nachtsichtfähigkeit dank des ‘Airglow’ Effektes.

Für den Wellenlängenbereich SWIR werden hauptsächlich Sensoren aus InGaAs (Indium Gallium Arsenit) hergestellt und verwendet. Es gibt auch noch andere Materialkombinationen wie z. B. MCT (Quecksilber Cadmium Tellurite) die für SWIR tauglich sind, doch dieses Material muss mit einem teuren Sterling Kühler heruntergekühlt werden, um das Rauschen zu reduzieren.

MWIR (Mid Wave Infra Red) wird im Wesentlichen für passive Nachtsichtgeräte verwendet. Da die Wasserabsorption in diesem atmosphärischen Fenster moderat ist, sind in diesem Bereich hohe Reichweiten möglich.

Im Wellenlängenbereich von MWIR werden meistens gekühlte Detektoren aus MCT oder InSb (Indium Antimonite) verwendet. Diese werden auf 77-120 K mithilfe eines Sterling Kühlers heruntergekühlt und erreichen eine recht hohe Temperaturauflösung von 0.01-0.02 K. Diese Detektor/Kühler Einheiten sind jedoch sehr teuer.

LWIR (Long Wave Infra Red). Das Planck'sche Strahlungsmaximum für Körper bei einer Temperatur von 300K liegt im LWIR. Dieser Bereich ist also gut geeignet um, die Emission von Gegenständen bei Umgebungstemperatur zu sehen. LWIR wird ebenfalls für passive Nachtsichtgeräte verwendet, ist jedoch, wegen der hohen Absorption der Atmosphäre bei Luftfeuchtigkeit, nicht für weite Distanzen geeignet. Eine wichtige Anwendung im LWIR ist die Erkennung von Gas Lecks.

Im LWIR kann man ebenfalls mit gekühlten MCT oder QWIP Detektoren arbeiten. Doch diese sind in diesem Wellenlängenbereich eher die Ausnahme. Für die meisten Anwendungen werden da ungekühlte Bolometer Sensoren verwendet. Im Gegensatz zu den bereits erwähnten Detektoren, die auf dem fotoelektrischen Effekt basieren, wird bei den Bolometer Sensoren ein sehr dünnes Blättchen aus Silizium oder Vanadium Oxide in der Bildebene gelegt. Durch die einfallende Strahlung ändert das Material seine Temperatur und damit auch den elektrischen Widerstand. Diese Änderung des Wiederstandes wird gemessen und ist das Indiz für die Temperatur des beobachteten Objekts. Die typische Temperatur-auflösung eines ungekühlten µ-Bolometer Detektors beträgt 0.05K und ist somit um mehr wie Faktor 3 schlechter als ein gekühlter MCT Detektor.

Des Weiteren benötigt ein µ-Bolometer Detektor ein sehr lichtstarkes Objektiv, mit fno=f/D=1, um überhaupt diese Temperaturauflösung zu erreichen. Ein gekühlter MCT Detektor kann, mit fno=f/D=4, seine viel bessere Temperaturauflösung bereits verwirklichen. Dies ermöglicht auch eine viel kleinere Optik für gekühlte Sensoren. Ein weiterer Vorteil gekühlter Sensoren ist die deutlich kürzere Integrationszeit am Pixel und würde deshalb eine Bildfrequenz von 100-200 Hz ermöglichen. So gesehen ist der MCT bzw. InSb Detektor dem µ-Bolometer Detektor weit überlegen. Wenn da nicht der Preis wäre.

Ein ungekühlter μ-Bolometer Detektor kostet nur einen Bruchteil, von dem, was man für einen gekühlten MCT Detektor bezahlen muss.

Außerdem benötigt ein ungekühlter μ-Bolometer Detektor viel weniger elektrische Leistung, ist kleiner, leichter und beim Einschalten praktisch fast sofort verfügbar. Dem gegenüber benötigt ein gekühlte MCT Detektor an die 5 Minuten, um die Arbeitstemperatur zu erreichen.

Literaturhinweise

Smith, Warren J.: Modern Optical Engineering. New York (McGraw-Hill) 2000.

Schröder, Gottfried; Treiber Hanskarl: Technische Optik: Grundlagen und Anwendungen. Würzburg (Vogel Business Media) 2007.

Formelsammlung Optik

Reflexionsgesetz (3.1.1)

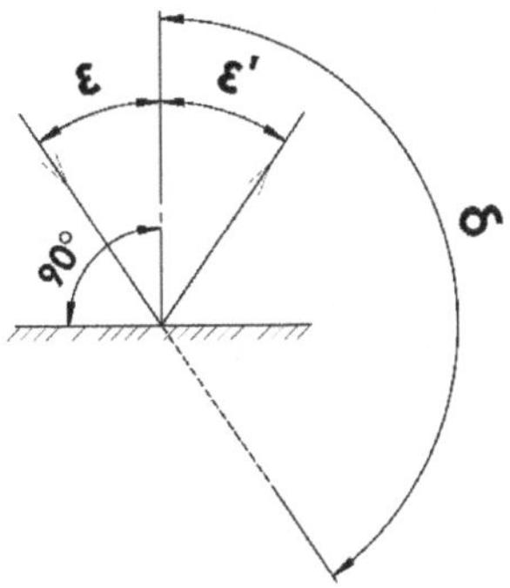

$$|\varepsilon| = |\varepsilon'| \qquad (3.01)$$

$$\delta = 180° - |\varepsilon| - |\varepsilon'| \qquad (3.02)$$

Brechungsgesetz nach Snellius (3.2)

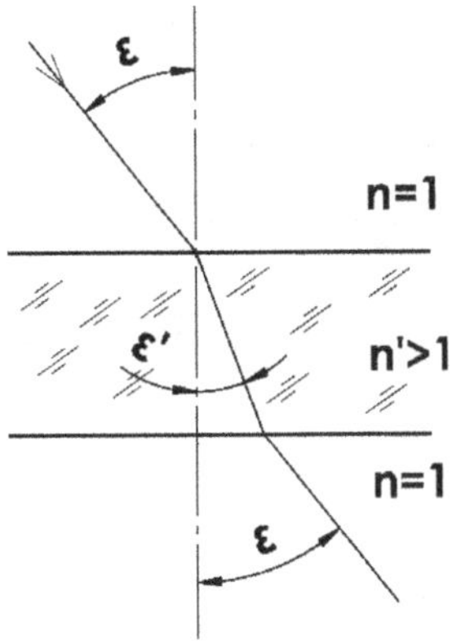

$$\varepsilon' = \sin^{-1}\left(\frac{n}{n'} \cdot \sin|\varepsilon|\right) \qquad (3.03)$$

Dispersion, Abbesche Zahl (3.3.1)

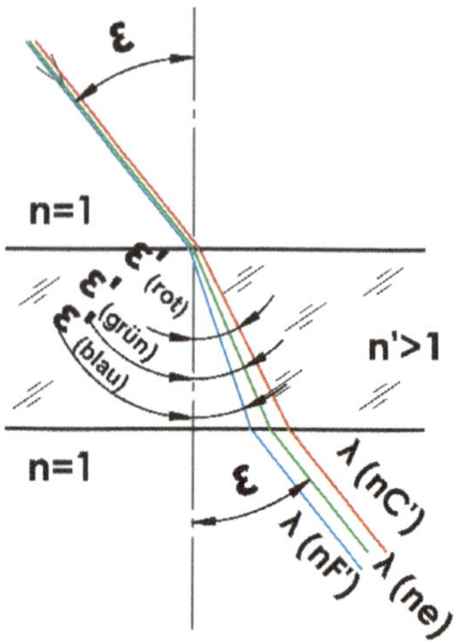

$$\nu_x = \frac{n_{\lambda\, mittel} - 1}{n_{\lambda\, kurz} - n_{\lambda\, lang}} \quad (3.04)$$

$$\nu_e = \frac{n_e - 1}{n_{F'} - n_{C'}} \quad (3.05)$$

Abbesche Zahl

Totalreflexion (3.4)

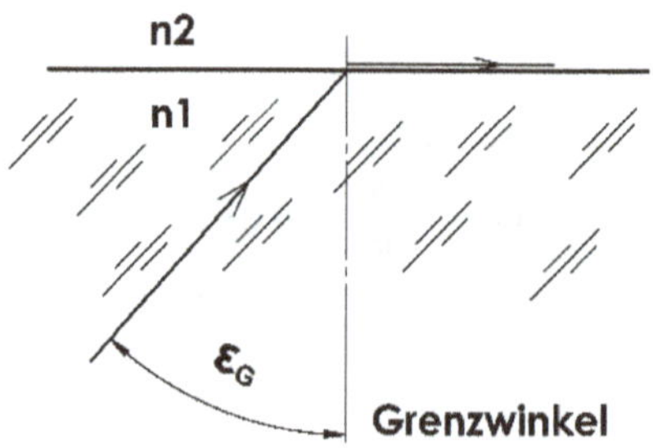

$$\varepsilon_G = \sin^{-1}\frac{n_2}{n_1} \quad (3.06)$$

Reflexion an Grenzflächen (3.5, 3.6)

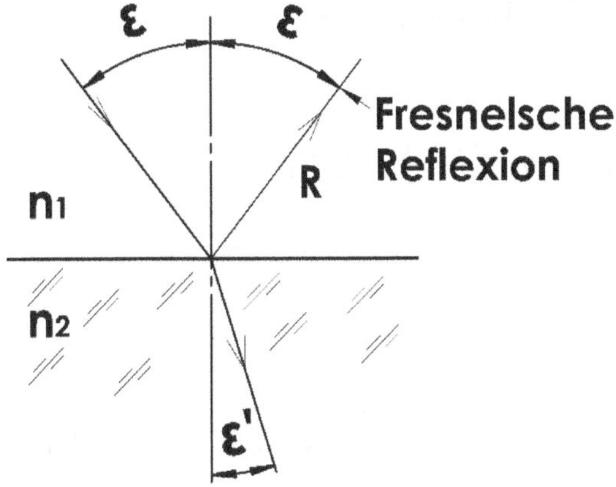

$$R = \frac{1}{2} \cdot \left[\left(\frac{\sin(\varepsilon - \varepsilon')}{\sin(\varepsilon + \varepsilon')} \right)^2 + \left(\frac{\tan(\varepsilon - \varepsilon')}{\tan(\varepsilon + \varepsilon')} \right)^2 \right] \qquad (3.07)$$

Für den Fall das ε=0 ist, gilt vereinfacht:

$$R = \left[\frac{(n_2 - n_1)}{(n_2 + n_1)} \right]^2 \qquad (3.08)$$

Wenn ε > 0 ist, dann findet an der Grenzfläche eine Polarisation statt. Die Schwingungsebene die parallel zur Betrachtungsebene liegt erfährt eine andere Reflexion R_p als die Senkrecht dazu liegende R_s. Das bedeutet dann, dass die Transmission an jeder Fläche zu einem optisch dichteren Material, aber auch umgekehrt, wiederum eine Polarisation erfährt.

$$R_p = \left(\frac{tan \cdot (\epsilon - \epsilon')}{tan \cdot (\epsilon + \epsilon')}\right)^2 \qquad (3.09)$$

$$R_s = \left(\frac{sin \cdot (\epsilon - \epsilon')}{sin \cdot (\epsilon + \epsilon')}\right)^2 \qquad (3.10)$$

Für den Fall, dass $\varepsilon+\varepsilon' = 90°$ sind, wird $R_p=0$. Das ist der Brewster-Winkel ε_B.

$$\varepsilon_B = \tan^{-1}\frac{n_2}{n_1} \qquad (Brewster - Winkel) \qquad (3.11)$$

$n_2 = 1$ (wenn Luft vor der brechenden Fläche)

n_1 = Brechungsindex des optischen Materials.

Transmission durch zwei Flächen (3.5)

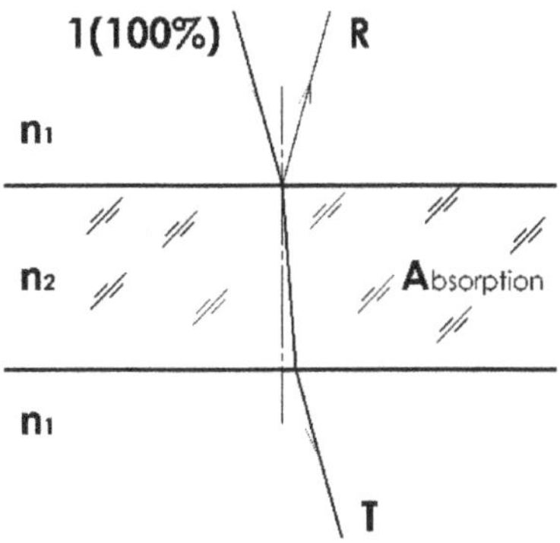

$$T \approx (1 - R)^2 \qquad (3.12)$$

$$T = 1 - R - (R^2 - 2 \cdot R + 1) \cdot \left(R + R^3 + R^5 + R^7 + R^9 + .. + R^{(2 \cdot n + 1)}\right) - \left(A + A \cdot (1 - R) \cdot \left(R + R^2 + R^3 + R^4 + R^5 + .. + R^n\right)\right)$$

(3.13)

Wenn z.B. die Reflexion an der Oberfläche einer unbeschichteten Glasplatte R=0.04 (4%) ist und die Absorption im Material beträgt A=0.002 (0.2%) dann ist die Transmission [T]:

$$T = 1 - 0.04 - (0.04^2 - 2 \cdot 0.04 + 1) \cdot \left(0.04 + 0.04^3 + 0.04^5 + 0.04^7 + 0.04^9\right) - \left(0.002 + 0.002 \cdot (1 - 0.04) \cdot \left(0.04 + 0.04^2 + 0.04^3 + 0.04^4 + 0.04^5\right)\right) = 0.920997 \qquad (92.0997\%)$$

In diesem Fall wurde die Rechnung bis zum 9'ten, bzw. 5'ten Exponenten durchgeführt. Je mehr Exponenten man wählt, umso genauer wird das Ergebnis.

Optische Dichte [OD]

$$OD = log\left(\frac{100}{T}\right) \quad [T\ in\ \%] \quad (3.14)$$

$$T = \frac{1}{10^{OD}} \cdot 100 \quad [\ \%\ ] \quad (3.15)$$

Abbildungsmaßstab (3.9)

Vorzeichen beachten, nach links ist (-) nach rechts (+). Nach oben (+) nach unten (-).

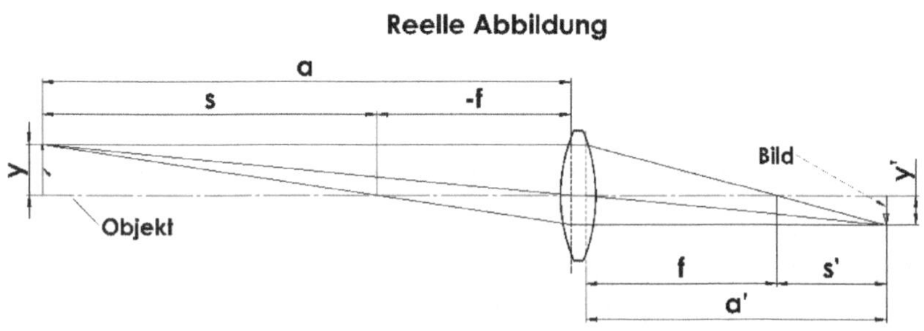

Wenn z.B. die Objektgröße y=50 mm ist und einen Abstand von a=-720 mm hat, dann würde eine Linse mit f=150mm das Objekt abbilden als:

$$a' = \frac{a \cdot f}{f + a} = \frac{-720 \cdot 150}{150 + (-720)} = 189.47$$

$$y' = \frac{y \cdot a'}{a} = \frac{50 \cdot 189.47}{-720} = -13.16$$

Virtuelle Abbildung

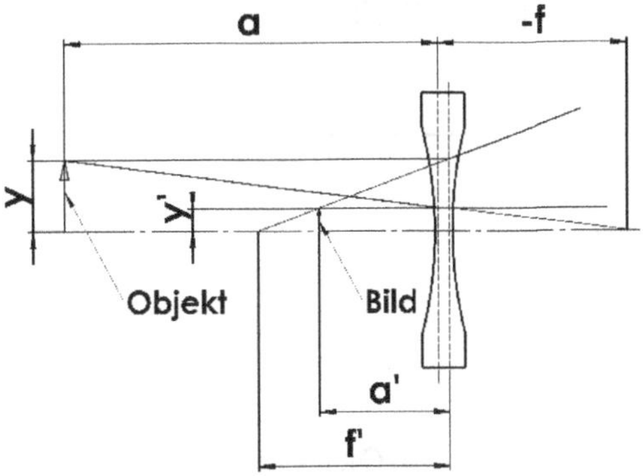

$$\frac{y}{y'} = \frac{a}{a'} \qquad (4.01)$$

$$a = \frac{a' \cdot f}{f - a'} \qquad (4.02)$$

$$a' = \frac{a \cdot f}{f + a} \qquad (4.03)$$

Abbildung sphärischer Spiegel

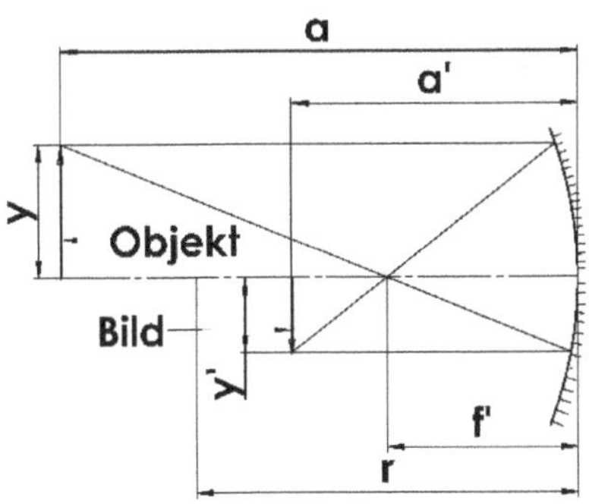

$$f' = \frac{r}{2} \qquad (4.04)$$

$$a = \frac{a' \cdot f'}{a' - f'} \qquad (4.05)$$

$$a' = \frac{a \cdot f'}{a - f'} \qquad (4.06)$$

$$y' = -\frac{y \cdot f'}{a - f'} \qquad (4.06)$$

$$f' = \frac{a \cdot y'}{y' - y} \qquad (4.06)$$

Vergrößerung (3.19)

Okular, Lupen Vergrößerung:

f = Brennweite

$$x = \frac{250}{f} \qquad (4.07)$$

Teleskop Vergrößerung:

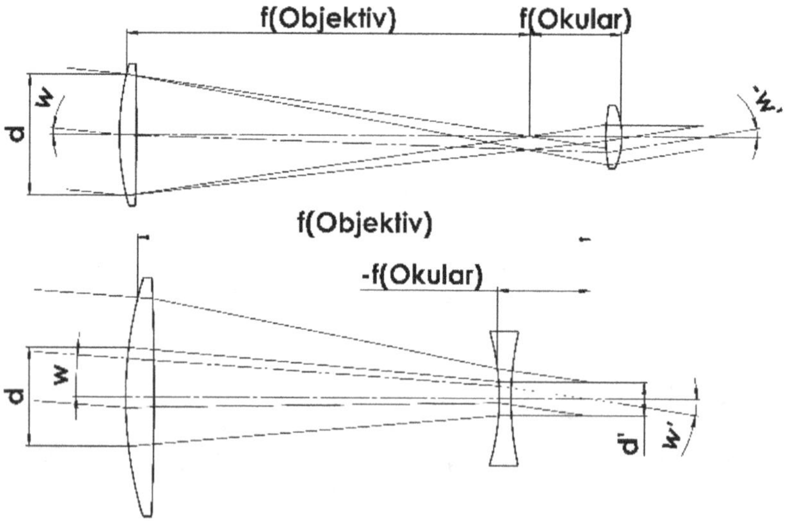

$$x = \frac{d}{d'} = \frac{w'}{w} = \frac{f(Objektiv)}{f(Okular)} \qquad (4.08)$$

Mikroskop Vergrößerung:

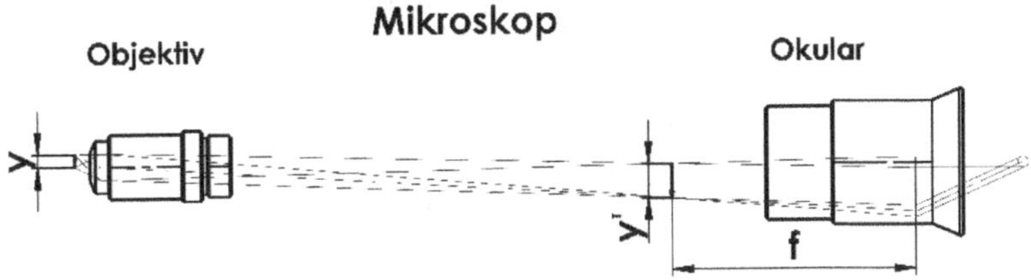

$$x = \frac{y'}{y} \cdot \frac{250}{f} = x_{Objektiv} \cdot x_{Okular} \qquad (4.09)$$

Meistens ist die Vergrößerung auf dem Objektive oder Okular angegeben, z. B. 20 bzw. 20x auf dem Objektiv und z.B. 10x auf dem Okular. In diesem Fall ist die Gesamtvergrößerung x=200.

Planparallele Platte (3.12.1)

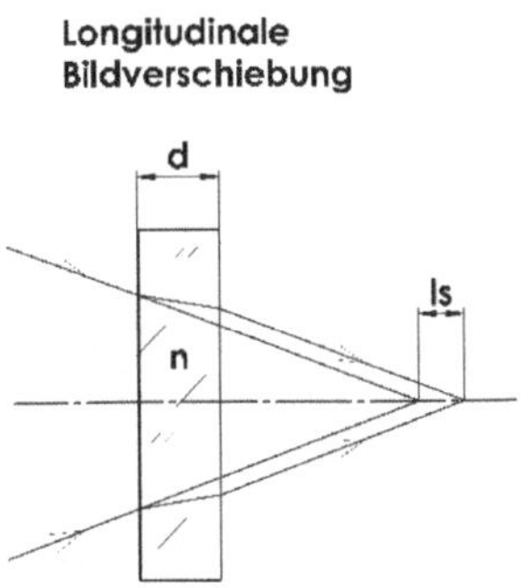

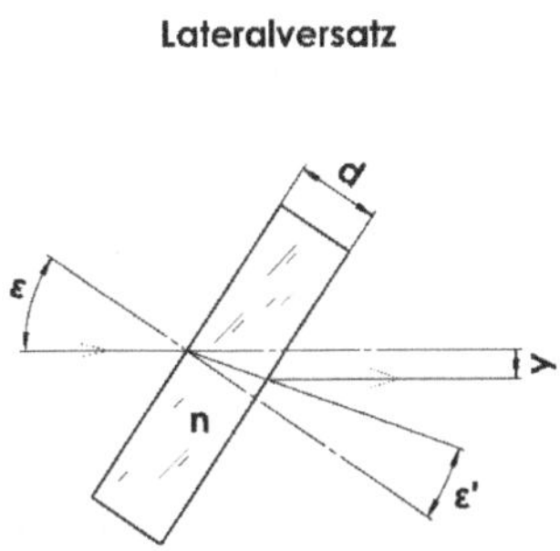

$$l_s = \frac{n-1}{n} \cdot d \qquad (5.01)$$

$$y = d \cdot \frac{\sin(\epsilon - \varepsilon')}{\cos(\varepsilon')} \qquad (5.02)$$

<u>Linsen (3.8)</u>

Wenn nicht anders benannt, gelten folgende Rechnungen für Linsen beidseitig in Luft. Wo nötig, auf die Vorzeichen achten.

Plan-konvex, Plan-konkav Linse

[*bfl (back focal length); ffl (front focal length)*]

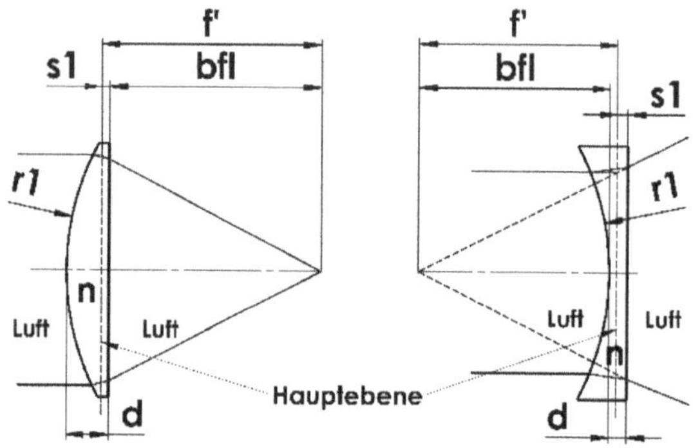

$$f' = \frac{r}{n-1} \qquad (5.03)$$

$$r = f' \cdot (n-1) \qquad (5.04)$$

$$s_1 = -f' \cdot d \cdot \frac{n-1}{n \cdot r} \qquad (5.05)$$

$$bfl_{convex} = |f'| - |s_1| \qquad (5.06)$$

$$bfl_{concave} = |f'| + |s_1| - d \qquad (5.07)$$

Einzellinse in Luft

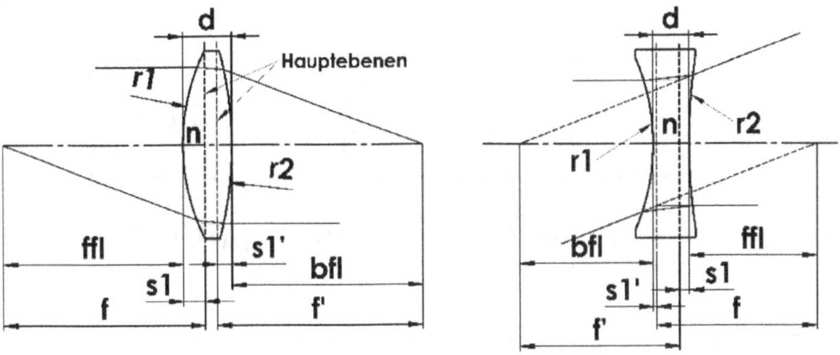

$$f' = \frac{r_1 \cdot r_2}{n \cdot (r_2 - r_1) + d \cdot (n-1)} \cdot \frac{n}{(n-1)} \qquad (5.08)$$

$$f = -f' \qquad (5.09)$$

$$bfl = \frac{n \cdot r_1 - d \cdot (n-1)}{n \cdot (r_2 - r_1) + d \cdot (n-1)} \cdot \frac{r_2}{(n-1)} \qquad (5.10)$$

$$s_1' = f' - bfl \qquad (5.11)$$

$$ffl = -\frac{n \cdot (-r_2) - d \cdot (n-1)}{n \cdot (r_2 - r_1) + d \cdot (n-1)} \cdot \frac{(-r_1)}{(n-1)} \qquad (5.12)$$

$$s_1 = f - ffl$$

Wenn eine Linse sehr dünn ist, dann kann man die Brennweite auch vereinfacht berechnen als:

$$f' \approx \frac{1}{(n-1)} \cdot \frac{r_1 \cdot r_2}{r_2 - r_1} \qquad (5.13)$$

Linse **[n]** in verschiedenen Medien, Objektseitig **[n1]**, Bildseitig **[n2]**

$$f' = \frac{r_1 \cdot r_2 \cdot n \cdot n_2}{r_2 \cdot n \cdot (n - n_1) - (n - n_2) \cdot (r_1 \cdot n - (n - n_1) \cdot d)} \qquad (5.14)$$

$$f = -f' \cdot \frac{n_1}{n_2} \qquad (5.15)$$

$$bfl = \frac{r_2 \cdot n_2 (r_1 \cdot n - (n - n_1) \cdot d)}{r_2 \cdot n \cdot (n - n_1) - (n - n_2) \cdot (r_1 \cdot n - (n - n_1) \cdot d)} \qquad (5.16)$$

$$ffl = \frac{r_1 \cdot n_1 (r_2 \cdot n - (n - n_2) \cdot d)}{r_1 \cdot n \cdot (n - n_2) - (n - n_1) \cdot (r_2 \cdot n - (n - n_2) \cdot d)} \qquad (5.17)$$

Symmetrische Bikonvex und Bikonkav Linse

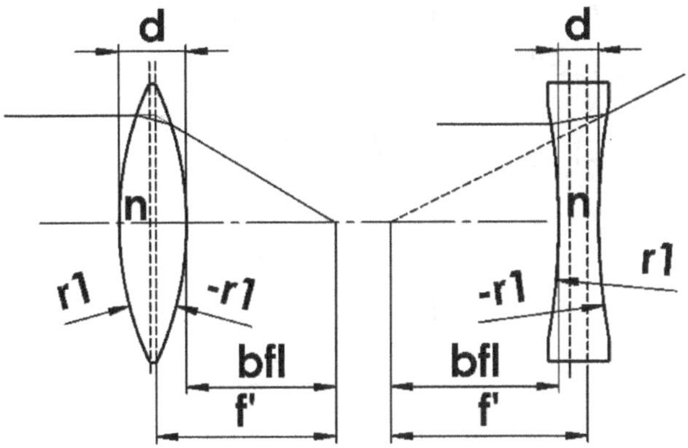

$$f' = \frac{r_1^2}{\left(2 \cdot r_1 \cdot n - d \cdot (n-1)\right)} \cdot \frac{n}{(n-1)} \tag{5.18}$$

$$r_1 = f' \cdot (n-1) + \sqrt{\left(f' \cdot (n-1)\right)^2 - f' \cdot d \cdot \frac{(n-1)^2}{n}} \quad (für\ Bikonvex) \tag{5.19}$$

$$r_1 = f' \cdot (n-1) - \sqrt{\left(f' \cdot (n-1)\right)^2 - f' \cdot d \cdot \frac{(n-1)^2}{n}} \quad (für\ Bikonkav) \tag{5.20}$$

$$bfl = -ffl = f' - \frac{d \cdot r_1}{2 \cdot r_1 \cdot n - d \cdot (n-1)} \tag{5.21}$$

Kugellinse

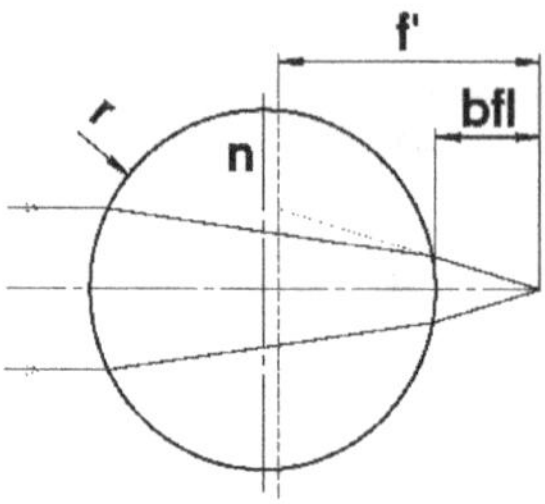

$$f' = -f = \frac{r}{2} \cdot \frac{n}{(n-1)} \tag{5.22}$$

$$bfl = -ffl = r \cdot \frac{(2-n)}{2 \cdot (n-1)} \tag{5.23}$$

$$r = 2 \cdot f' \cdot \frac{n-1}{n} \tag{5.24}$$

Dünne Linse bester Form.

Objektweite a = ∞.

$$r_1 = \frac{\left(2 \cdot n^2 + 2 \cdot n - 4\right)}{(2 \cdot n^2 + n)} \cdot f' \tag{5.25}$$

$$r_2 = -\frac{r_1 \cdot (n-1)}{\frac{r_1}{f'} - (n-1)} = -\frac{r_1 \cdot (2 \cdot n^2 + n)}{(4 + n - 2 \cdot n^2)} \tag{5.26}$$

Brennweite einer Linsenfolge (3.9)

Es handelt sich dabei um eine Annäherung, da Linsendicke und Abstände nicht berücksichtigt werden.

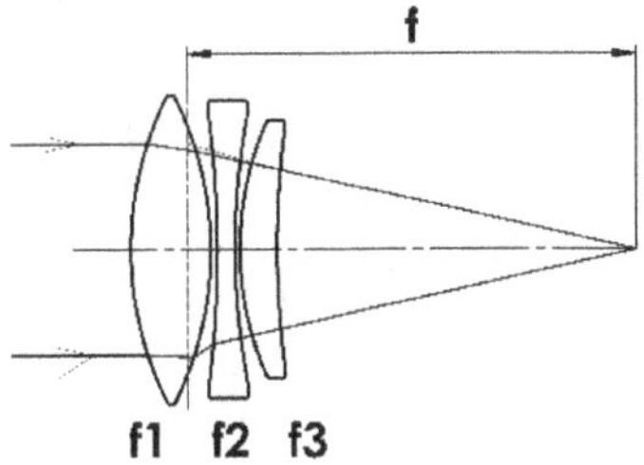

$$\frac{1}{f} = \frac{1}{f_1} + \frac{1}{f_2} + \frac{1}{f_3} \qquad (5.27)$$

$$f = \frac{f_1 \cdot f_2 \cdot f_3}{f_3(f_2 + f_1) + f_1 \cdot f_2} \qquad (5.28)$$

Bei einer Folge von zwei dünnen Linsen, unter Berücksichtigung des Abstandes [d] der Hauptebenen, ist die angenäherte Gesamtbrennweite:

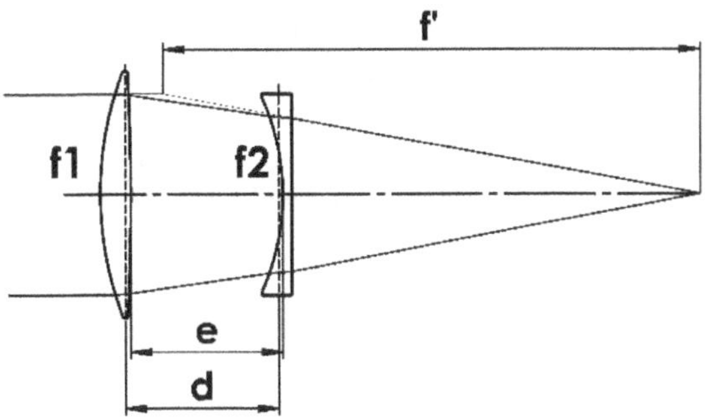

Statt den Abstand [d] kann man auch den Abstand [e], zwischen den Scheitelpunkten der Linsen, einsetzen da es nur eine Annäherung ist. Die genaue Brennweite, kann man wie im Kapitel 3.9 beschrieben, mit der paraxialen Rechnung ermitteln.

$$\frac{1}{f'} = \frac{1}{f'_1} + \frac{1}{f'_2} - \frac{d}{f'_1 \cdot f'_2} \qquad (5.29)$$

$$f' = \frac{f'_1 \cdot f'_2}{f'_1 + f'_2 - d} \qquad (5.30)$$

$$f = -f' \qquad (5.31)$$

Wenn man z.B. zwei Linsen mit f_1=50, f_2=-200 und d(~e)=15 zusammenstellt, dann ergibt sich:

$$f' = \frac{f'_1 \cdot f'_2}{f'_1 + f'_2 - d} = \frac{50 \cdot (-200)}{50 - 200 - 15} = 60.6$$

Die genaue paraxialle Rechnung dieser Linsenkombination, würde die genaue Gesamtbrennweite mit f'=60.1 ergeben.

Literaturhinweise

Smith, Warren J.: Practical Optical System Layout. New York (McGraw-Hill) 1997.

Kingslake, Rudolf: Lens Design Fundamentals. San Diego (AP) 1978.

Notizen:

Sachwortverzeichnis

Verlagsinformation

Wir bieten neben bekannten und prominenten Autoren auch für noch unbekannte Erst-Autoren die ideale Plattform für Buchveröffentlichungen. Thematisch setzt sich der Verlag kaum Grenzen.
Es werden sowohl von bekannten als auch unbekannten Autoren Bücher verschiedenster Themen veröffentlicht.
Damit trägt der Verlag zu einer Bereicherung auf dem Literaturmarkt bei, kann so ein breites lesebegeistertes Publikum ansprechen und gibt damit den Autoren eine optimale und wirtschaftliche Lösung zur Veröffentlichung ihrer Buchmanuskripte.
Ein Vorteil für die Buchautoren besteht unter anderem darin, dass Bücher, je nach Auflagenhöhe, im Verfahren „Book on Demand" (Digitaldruck) oder – bei höheren Auflagen – im Offsetdruck hergestellt und veröffentlicht werden können.

Joy Edition
BUCHVERLAG and more

Joy Edition · H. Harfensteller
Gottlob-Armbrust-Str. 7 · D-71296 Heimsheim
Telefon 07033 306263
Fax 07033 306264
info@joyedition.de · www.joyedition.de